国家出版基金项目
NATIONAL PUBLICATION FOUNDATION

祁门红茶史料丛刊

第三辑（1933—1935）

康　健◎主　编
王世华◎审　订

安徽师范大学出版社
ANHUI NORMAL UNIVERSITY PRESS
·芜湖·

图书在版编目(CIP)数据

祁门红茶史料丛刊.第三辑,1933—1935 / 康健主编.— 芜湖：安徽师范大学出版社,2020.6
ISBN 978-7-5676-4601-8

Ⅰ.①祁… Ⅱ.①康… Ⅲ.①祁门红茶-史料-1933—1935 Ⅳ.①TS971.21

中国版本图书馆CIP数据核字（2020）第077032号

祁门红茶史料丛刊 第三辑（1933—1935）　　　　　康　健◎主编　王世华◎审订
QIMEN HONGCHA SHILIAO CONGKAN DI-SAN JI（1933—1935）

总 策 划：孙新文		执行策划：蒋　璐	
责任编辑：蒋　璐		责任校对：何章艳　汪碧颖	
装帧设计：丁奕奕		责任印制：桑国磊	

出版发行：安徽师范大学出版社
　　　　　芜湖市九华南路189号安徽师范大学花津校区
网　　　址：http://www.ahnupress.com/
发 行 部：0553-3883578　5910327　5910310（传真）
印　　　刷：苏州市古得堡数码印刷有限公司
版　　　次：2020年6月第1版
印　　　次：2020年6月第1次印刷
规　　　格：700 mm×1000 mm　1/16
印　　　张：14.25
字　　　数：266千字
书　　　号：ISBN 978-7-5676-4601-8
定　　　价：47.00元

如发现印装质量问题,影响阅读,请与发行部联系调换。

凡　例

一、本丛书所收资料以晚清民国（1873—1949）有关祁门红茶的资料为主，间亦涉及19世纪50年代前后的记载，以便于考察祁门红茶的盛衰过程。

二、本丛书所收资料基本按照时间先后顺序编排，以每条（种）资料的标题编目。

三、每条（种）资料基本全文收录，以确保内容的完整性，但删减了一些不适合出版的内容。

四、凡是原资料中的缺字、漏字以及难以识别的字，皆以□来代替。

五、在每条（种）资料末尾注明资料出处，以便查考。

六、凡是涉及表格说明"如左""如右"之类的词，根据表格在整理后文献中的实际位置重新表述。

七、近代中国一些专业用语不太规范，存在俗字、简写、错字等，如"先令"与"仙令"、"萍水茶"与"平水茶"、"盈余"与"赢余"、"聂市"与"聂家市"、"泰晤士报"与"太晤士报"、"茶业"与"茶叶"等，为保持资料原貌，整理时不做改动。

八、本丛书所收资料原文中出现的地名、物品、温度、度量衡单位等内容，具有当时的时代特征，为保持资料原貌，整理时不做改动。

九、祁门近代属于安徽省辖县，近代报刊原文中存在将其归属安徽和江西两种情况，为保持资料原貌，整理时不做改动，读者自可辨识。

十、本丛书所收资料对于一些数字的使用不太规范，如"四五十两左右"，按照现代用法应该删去"左右"二字，但为保持资料原貌，整理时不做改动。

十一、近代报刊的数据统计表中存在一些逻辑错误。对于明显的数字统计错误，整理时予以更正；对于那些无法更正的逻辑错误，只好保持原貌，不做修改。

十二、本丛书虽然主要是整理近代祁门红茶史料，但收录的资料原文中有时涉及其他地区的绿茶、红茶等内容，为反映不同区域的茶叶市场全貌，整理时保留全文，不做改动。

十三、本丛书收录的近代报刊种类众多、文章层级多样不一，为了保持资料原貌，除对文章一、二级标题的字体、字号做统一要求之外，其他层级标题保持原貌，如"（1）（2）"标题下有"一、二"之类的标题等，不做改动。

十四、本丛书所收资料为晚清、民国的文人和学者所写，其内容多带有浓厚的主观色彩，常有污蔑之词，如将太平天国运动称为"发逆""洪杨之乱"等，在编辑整理时，为保持资料原貌，不做改动。

十五、为保证资料的准确性和真实性，本丛书收录的祁门茶商的账簿、分家书等文书资料皆以影印的方式呈现。为便于读者使用，整理时根据内容加以题名，但这些茶商文书存在内容庞杂、少数文字不清等问题，因此，题名未必十分精确，读者使用时须注意。

十六、原资料多数为繁体竖排无标点，整理时统一改为简体横排加标点。

目　录

◆一九三四

一九三三

祁门的"红茶"与"红潮"

中国的茶业，正在日薄西山，快要到没落的时期了！自然，这不仅是茶业如此，在整个的农村的崩溃中，凡是农产物，可说没有一种，不受到严重的恐慌！

在三个月之前，我得有机会，费了十余天的长时间，爬山越岭，到了中国最著名的红茶出产地的祁门。祁门真是穷乡僻壤，全年教育费总数不及一万三千元，而沿途所仅见的某区区公所，内像私塾般的一所学校，学生读的还是《幼学琼林》和《神童诗》之类的书籍。

但祁门的红茶，确是一处最适宜的生产地，崇山峻岭，树木葱郁，昌江横贯西南两乡。在早晨的十时以前，满山满野，都被重雾笼罩着。茶为性喜高燥而又须湿润的植物，种在倾斜的山上，而又有深厚的云雾，真是得其所哉！两湖、江西的红茶，已被印度、锡兰茶倾轧得业已全军覆灭了。而祁红茶还能勉强的在挣扎中，而且如前年，每担且到过三百几十两的最高的价格，这是得天独厚的原因罢！

祁门制造红茶的历史，还不过数十年。在民国前三十六年，徽人余某，以其地广人稀，茶价便宜，才开始介绍红茶的制造法，一面则设庄收买，逐渐地兴旺起来的。在当初的市价，都在□州茶以下。最近数年，由祁门出口的数量，约为二万五千担，平均以每担一百元计，则祁门全年的收入，达二百五十万元之多。

以这样小的一个县份，每年能有偌大的现金输入进去，这不是国内最有希望、最为富饶的一个地方么？而且，如景德镇所出产的名闻中外的瓷器，其原料曰白瓷土，大部分也是由祁门所生产。此外，木材及其他农产品出产，一年的数量也很大。

说起来可怜，摘茶、制茶的男女工人，多数是由外县进去的。鸦片烟馆到处林立，而赌风之盛，则亦为各地之冠。这倒还无关大局。最厉害的是红丸子的畅销。抽鸦片烟，每天的数量终是有限，吃上了瘾，终还能延他们十年、二十年的生命。红丸是由吗啡、海落英等所制成，吃的时候，可以整天的抽，吃上了瘾，则无论是最好的鸦片也抵不过瘾了。而且吃了红丸以后，不论男女的生育都被停止。据当地人估计，祁门的男子，十人有六七人都已染上了瘾，每年单是红丸一项的支出，约达百五六十万圆以上。所以祁门人称红丸为祁门的红潮（徽音潮茶通）。这红潮不但是浪掷金钱，而且要亡种灭族的。这种红丸的来源，当然是外国的帝国主义者所输入。而内地的能够运销，则当地的军警，不能不负其全责了。

据说祁门如此，徽州各□也都如此，不过不像祁门的厉害罢了。而其他各省的农村间也是不能例外。那末，这红潮不但在祁门，已蔓延到了中国的全部了。

《申报》1933年2月6日

祁门茶市近讯

祁门红茶，年来因茶价提高，在洋庄茶市中，颇占重要地位。去年祁茶营业，因受英国增加关税与汇价升高影响，大受亏折，以致茶栈、茶号，对于本年祁茶业务进行，略感沉默。兹以清明节届，茶事即将发动，昨据祁庄函告，该路制茶庄号，已有十分之七八照旧部署进行。茶栈家，如洪源永、忠信昌、永兴隆等，每家均已接受五千个字号以上。其他亦有二三十家不等，各茶栈放出茶款，总数已有百余万两之多。惟一般号家，对于毛茶市价，咸抱紧□态度云。

《申报》1933年3月31日

婺祁茶市之新声

祁门、婺源红绿箱茶，为路庄中之最高庄。自近十年来，洋商采办华茶，改为提高抑低后，祁婺茶销场，渐启生机，故湘、鄂、赣茶，迭遭惨败。祁婺茶市尚能维持原有地位，产额与市价逐年增高。前岁，祁婺珍标盘，竟开最高纪录。不幸去年因世界各国感受经济恐慌，英法市场购买力大减，市价复倾落至最低度，而莫可挽回。在华办茶洋商，因市势之剧变，对婺祁屯高庄各茶，亦一致贬价。秋后开出之盘，有不数茶商运费装潢者，祁婺屯各号亏耗，不下二百数十万元。故去冬各号，曩日沿例预收箱板、柴炭各物者，均一律停办。今清明节届，又至新茶上市时期，沪上茶栈仍照原派人在祁设庄接客，除公升永本年不入山做交易外，□又新添永兴隆一家。栈数较旧，虽无增减，然大都抱紧缩政策，银根非常紧张，茶号因于经济之枯窘，除少数不依栈款者，已在预备开场，余多陷于趑趄不进。截至现在止，祁门红茶庄号开场者，只及上年十分之四；婺源茶号经营洋庄茶业者，约有三百家，去岁各号箱茶，因销滞价下，受亏不亚于祁。沪栈存积未沽之珍眉，仍有数千箱，贱价无从售脱。绿茶虽将届登场，号商鉴于资金耗尽，国外市势未见转机，大半观望，准备开场者寥寥无几。兼之沪栈对婺庄放汇与否，迄仍静寂无声，市面冷落。现下山内箱板、柴炭各物价，因茶号需要不殷，咸愿跌价求售。茶户困于去冬领不着茶洋，已感痛苦，今茶市又复如斯不振，莫不忧形于色，深感未来生计，难以支持耳（四月三日）。

《申报》1933 年 4 月 11 日

屯溪茶市之现状

屯溪为皖南茶市重心，全镇共有茶号六七十家。近数年来，洋商对婺屯高庄来路货，进□转股，市价亦涨，营茶业者尚称顺利。讵各年各国对路□各茶，□有急转直下之剧变，销□既大减，市盘又复降至最低度，号家遭殃，虽无婺源之巨，但亦为近十数年来严重之打击。今红茶已届上市，绿茶亦将登场，屯休茶号态度冷淡，栈方亦主紧缩放汇。目下各号准备开□者寥寥，但察其冷淡之由，号□并不因银根之宽闭而增减其经营，实为国外茶市仍未转机，市盘迄未回涨。屯埠茶号现在之主旨有二途：一须山价低廉，成本减轻；一须海外茶市有转机。二者有一可行，则屯埠本年茶号开场者，或不致十分衰减也。

《申报》1933 年 4 月 13 日

浮梁茶号较旧减少

浮梁红茶，去岁因国外销滞价落，结果亏折甚巨，与祁门红茶，同遭厄运。今岁浮属茶号，承上年创重之余，大多难于重振，兼之沪栈对浮放汇，益主紧缩，号家领得茶票者，实居少数。财源既狭，庄号自减，刻除殷实不依栈款之茶号，得仍照旧开场外，余均临时相机进□。截至现在，浮属开场□号，计有大江村、潘村、白茅港、与田、贵溪、勤公等处二十余家。其他在得开场者，虽有多，但均资本薄弱，希图山□低下，赊茶尝试。如银根始终紧闭，小户求现，则此等茶号恐难望其顺利进行也。

《申报》1933 年 4 月 13 日

制茶庄号设立三百余家

祁门、浮梁茶业，去年虽多亏折，但本年各路茶商，兴奋如故。且因永兴隆茶栈，又复进山放款，情势尤为活跃。现下历口、闪上、潘村一带，制茶庄号林立，统计业经开设三百余家之多。各茶栈所接客号，忠信昌范围最大，已接有七十八家。此外，永兴隆五十余家，洪源永、仁德、永慎源各计三四十家，源丰润、升昌盛、公升永等，亦均接有二三十家。就现下情状观之，本年祁浮红茶出产□不亚于上年云。

《申报》1933年4月15日

祁门红茶开始采制

祁门红茶，去年此日，各号贡品，已早收□晒制。今岁气候常寒，前周大雨四日，茶芽发育顿□，幸前昨两日来，天忽放晴转暖，毛峰白毛，正堪采制，各山户准备趁此晴天，即日开园。西南两路，已有开始采摘。各号末批茶工买手，近日俱已齐集，□正纷纷忙备，出庄开□，抢先收青。似此连日天气之晴暖匀和，头字贡茶，朝受露润，日利晒坯，出品定然良好非常。茶号见此天公，咸喜形于色。山户则以货优居奇，预告不愿贱售。目下号家主旨，□于去年山价过高，本重受创，今年无论如何，一致不能倾轧抬俏。方针如此，将来能否如愿可降，尚未可知。

《申报》1933年4月30日

祁浮至红茶因雨停采

祁门、浮梁、至德等属红茶，因时令已届，头茶芽嘴抽良，各茶户均趁前两日晴暖天气，雇工开采，各号贡茶，亦俱开始收青，出产异常良好。讵昨今两日，各乡新茶正式开园。天忽大雨，气候骤转寒凉，茶户碍难采作，又无阳光晒坯，不得不停止摘制。多茶之户，因茶长不可久留，间有采下摊坯制售。但茶叶含受水分不去，质硬少香，远不及阳光晒坯之优。一般号主，睹兹阴雨天气，咸各忧形于色。据老农言，气候如此转凉，阴云不霁，一时难得晴明。但早种茶芽，又□□不住的怒放，枝头蓁蓁，亟需快摘不容缓，而天公不作美，影响茶事匪细。

《申报》1933年5月4日

祁婺红绿茶开秤开园

祁门红茶自二十七日起至三十日止，连日天气放晴，各山户纷纷雇工开采。每日出货踊跃，品质异常良□。盖因本年添闰五月，时令虽届，气候尚迟，晚种茶叶，抽芽未大。在往年此种嫩叶，山户须留以时日，不肯即采。今岁怵于洋庄不俏，号方择优购买，为免降价弃取，无论叶之长幼，概行摘下，兼有阳光利于晒坯，叶干少水，故出货之优，近年罕见。茶号初旨，对本年山价，大加贬抑，新盘仅出五十元。山户以此价不及上年之半，多坚不肯脱。嗣号方见新茶涌帮上市，品质不劣，不欲固执盘价，致双方背道而驰，遂各禁不住，松盘开秤，依叶质之高下，放□自六十元至八十元，较旧见跌二三十元。山户虽欲望未□，有此不遍之市□，亦愿降心求脱。如连日天时做□，各号首二帮茶，立可进齐，不虞缺额。婺源东路、溪头、龙尾、大坂、济溪、庆源、段莘、汪口各处绿茶，向比西南茶发育见早，各村茶户，对采制茶叶，均讲求精细，故出品称良，尝为茶号争先抢办。今岁各山户均主提早摘嫩，二十起有多数正式开园。北路各村山户，本定近日开采，因今早雷雨大作，遂多临时停摘，待天气放晴开园。西南路山茶，发育较缓，芽抽尚小，须留长四五日后，可以开摘。

《申报》1933年5月9日

祁门茶开始组织运销合作社

祁门的茶叶，现在是中国的红茶之王。因为交通的不便，山价和市价，相差总在一倍以上。安徽省政府建设厅，在从前国立茶业试验场旧址，创办了一个省立的茶业改良场。今年除置备了各种新式的机械，以便积极谋改良红绿茶的制造方法外，一面又替农民组织了个运销合作社。第一批茶叶已到了上海，不日当可善价而估。这不但开了茶叶合作运销的先声，将来能发扬光大，茶叶的生产得以改良，农民的痛苦，也可完全蠲除了。这不是复兴中国茶业声中最值得报告的事情么？

《申报》1933年5月22日

红茶销清时之会议

本埠洋庄茶自前日大英公司轮船开出后，各庄进意益衰，怡和、锦隆等行对于祁门红茶提尖货，虽有零星选购，然出价绝苛。华茶商鉴于祁茶形势恶劣，昨经召集紧急会议，决定停制子茶。至绿茶市面，亦复疲滞，屯溪抽芯珍眉，虽已由华茶公司开盘二百四十两，但普通□批珍眉，业经囤积不少，仅针眉一项，法庄去路尚佳，其余均趋寥落云。

《申报》1933年5月24日

祁门茶将结束

祁门红茶山价，各号最初集议，均主照旧六折，首字开秤，尚都遵限收办，后因天时晴雨乍作，出货优劣不齐，各号见进茶迟钝，对晴天采制之货，又违限抬价收买，山价后提高至七十元。刻各号首二三字茶，俱已进齐。近采之货，出品渐劣，号家进意趋淡，最终山价，已倾落至二十元。其中，多数茶号，均收秤停办。山户见号需不殷，山价下落，亦相继停采，提早收场。祁城西南各路茶号箱茶，除首□已于前周运行外，二字近日均可启运。

《申报》1933年5月25日

祁茶一再现新低价

昨日祁门、浮梁、建德等路红茶，英德庄去路略活，惟英伦来电限价极严，首批货成本较重。华洋双方谈判，难于接近，成交货大部分系最近到埠之二批茶，计红茶二千一百二十四箱，绿茶四百四十五箱。祁茶市盘，已开至八十□之最低价，形势依然不利。绿茶自上星期一度挫跌后，昨日遂安上庄珍眉绿茶，均□□□、屯溪新到贡熙，亦由白头庄裕隆洋行□盘一百元，较去年只低八五折。茶市大势，绿茶较红茶为佳云。

《申报》1933 年 5 月 30 日

茶商制止红茶续跌

本年祁门、浮梁等路红茶上市，初次开盘，既较去年减低十分之三。讵料英庄销□未能踊跃，华茶商不惜廉价竞销，一跌再跌，漫无限制。照现下市盘估计，较开盘又跌十分之三，号家所受亏折，每担不下六七十元之巨。此次情形，前途难堪设想。洋庄茶□同业公会有鉴于此，特于日前召集栈号两方联席会议，讨论制止续跌方法，并经议决最低限度，不得再跌。计祁茶首批货一百二十元，二批货八十五元，三批货七十元；浮梁茶首批货一百元，二批货八十元，三批货六十五元；秋浦茶首批货八十五元，二批货七十五元，三批货六十元。上述议案业已通知各茶栈遵照，以维茶业之基础云。

《申报》1933 年 6 月 3 日

救济华茶步骤

…………

（运销合作）祁门茶叶，为我国茶业之王，因交通不便，山价和市价相□在一倍以上。安徽省政府建设厅，在前国立茶叶试验场旧址，创办省立茶叶改良场，备有各种新式机械，改良制造方法，并组织祁门平里村无限责任信用运销合作社，第一批祁门茶，现已运沪。湖南省政府在安化地方，亦办有茶事试验场，从事改良，比较日本绿茶为佳，以前之不能改制绿茶者今已成功。

《申报》1933 年 6 月 6 日

祁门茶商请改量衡制度

祁门茶业公会，以量衡制度早经政府通令实行公斤，而洋庄出口茶业依旧沿用磅秤，商家所受损失至为巨大。闻已电请上海洋庄茶业同业公会请求改正，以重法令而维商家利益云。

《申报》1933年6月10日

祁门茶号停办子茶

祁门红茶，向分春夏头茶与子茶，各号制竣春庄，接办夏庄。子茶产额，虽不及头茶之巨，但亦不在少数。本年祁浮两属春茶均蚀收，价又下落，山户蚀茶蚀价，冀沪市转好，子茶出产丰收，弥补前缺。讵祁茶业公会接沪会电告，谓洋商图贬茶价，销路狭小，请止办制子茶，免遭损失。于是，头茶制竣，拟办子庄之各茶号，就此收场，不再添办。行将开园采制子茶之山户，莫不深感生活难支云。

《申报》1933年6月13日

法国茶业专家古博来华考察

我国红绿茶叶，运往非洲各属，年达千数百万金。自前年日本开始将绿茶运至该处后，三年之间，即骤增二百万磅，且一面宣传华茶含有各种毒性，一面直接向消费者作廉价之倾销。不仅华茶非销，大受影响，即非洲法属商人亦群起恐慌。该商等为求明了中国所产茶叶，是否如日人所宣传之恶劣及日本对非宣传之用意起见，特请法政府派员来华调查。

现法政府所派之调查专员古博氏（Jean Goubeau）已于上月到沪。古博系法国农业工程司，曾在安南农业研究所担任茶师十余年，对于东方茶业情形，极为熟谙。到沪后，即与法领事所派之译员范和钧，前往浙皖赣及两湖产茶各地调查。

日前回沪后，并访实业部上海商品检验局局长蔡无忌及该局茶叶检验技正吴觉农。关于华茶运非及栽制等方法之改善，双方讨论，至四五次之久。据检验局负责人员告记者，古博氏认为着色茶叶之禁止，及集合力量，向外宣传，为挽救华茶之根本要图。又该氏到安徽祁门时，曾参观安徽省立茶叶改良场。对于该场本年办理运销合作之成功及试验栽制方法等之方针，亦多称誉。氏在本埠，尚须参观制茶商家数处后，即拟前往日本调查云。

《申报》1933年6月18日

祁屯茶讯并志

祁邑首二字红茶到沪开盘后，初尚得价二百零元至百四十元，茶号仅免亏折。讵近日申电传来，前开二百零元之市盘已成过去。近盘开出，首字竟小到百三十元。茶商得此消息，咸大失望，金谓首批红茶成本抛价在百六十元，较曩岁已大减。成本既轻，危险自少，今结果仍受亏蚀。茶户因山价降低，损失极大，故近日山内子茶，虽正堪采制，但因号方不纳，有供无求。

屯溪茶号，前鉴沪市不佳，进茶□量，均较旧减少。近日申市销□转畅，珍眉售百四五十元之消息传来，本埠茶号，又大起动办。连日各行毛茶，成交甚多，中庄售盘四十八元，低庄售三十零元。大园名茶，山户尚扳紧，不愿贱沽，山价仍在八十元上下。茶号睹兹高价，增重成本，多不敢定盘开秤。观日来屯埠茶市，似趋活跃，此后山价，或有提涨可能。

《申报》1933年6月19日

市商会请饬海关改用新衡器

市商会昨电财政部、实业部、关务署等，请令饬海关，改用新量衡器，兹录原文如下。财政部、关务署、实业部钧鉴，案查属（本）会前接祁门茶业同会，函诉上海洋庄茶业同业公会，不遵用新衡器，茶商受亏不支，请予政声援等情。当以实施新制度量衡后，各处使用，新旧未能一律，致发生商业间之争议，殊非划一致令之道。爰经派员查得本市洋庄茶业之未即改用新衡器者，盖以申汉闽为通商巨埠，与洋商交易，一向用磅七五折合华权，即十六两八钱之司码秤，统湘、鄂、皖、赣、浙、闽、申各处海关，均系政府直属机关，现尚一律延用司码秤旧衡，迄未改用新制。经营洋庄茶业与海关有直接关系，如果海关能首先遵令，推行新衡器，则本业不改自改，毫无问题等语。经提交属（本会第四十九次常务会议议决，电请钧部贵署）令行全国海关所有衡器，一律改用新制在案，理合录案电陈。仰祈鉴核，迅赐予，令（咨请）行饬遵，俾新制度量衡，得以推行无碍，实为公便。上海市商会叩咸印。

《申报》1933年9月17日

市商会函洋庄茶业，劝先改用新制衡器

市商会昨函洋庄茶业公会云，迳启者，前准祁门茶业公会函陈，本市洋庄茶业，沿用旧秤，受亏甚巨，请予援助等情。经本会派员询据贵会答称，以同业使用衡器，均依海关为准。在海关未改新制以前，殊难新改等语。经据以分电呈请财政、实业两部暨关务署，迅饬海关新制衡器。嗣后关务署复电，已先转知有案。

本月三日，又奉实业部工字第八一二六号批开，感代电悉，案海关衡器，应遵用新制一节。送经本部咨请财政部转饬遵照在案。前准咨复，已转饬所属各机关，积极筹备。限二十三年二月一日，实行等因。准此。仰即转知，并向各该同业公会妥为劝导，提前实行，以泯争端，此批等因。奉此。相应函请查照核办为荷。

《申报》1933年10月5日

本年国茶生产锐减

六个月输出计念三万余担，较去年上半年减百分之五。

本年我国茶叶生产较去岁又有减落，计祁门红茶三万箱，宁州红茶四千箱。徽属各县，如婺源、屯溪所产绿茶，向称高庄，盛销欧美，亦不过去年之七八折。江西修水各属所产红茶，即昔日素负盛名之宁红，近亦奄奄一息，茶市极为萧条。□□茶产，蚀收颇大，只及上年十之四五，总产额只及三四千箱。浙东遂安等区，以交通便利，所产绿茶每能捷足于市场，故出产尚属不减。绍属各县，素称平水，销美甚多。近年因美销日减，出产亦不多矣。

减退原因。据国际贸易局总务主任郭威白君语，华东社记者，本年茶产减退之原因，约有下列四端：（一）产区气候转冷，发育见迟，且降雨过多，致产量蚀减。（二）去年红绿陈茶囤积不少，内地经商者，大半亏折，故收茶不甚踊跃。（三）银根过紧，沪市放款，咸具戒心，茶栈以通融不便，致内地茶商吸款甚少，并鉴于去岁之失败，因之收茶亦不甚旺。（四）江西安徽福建诸县，近年受……亦为茶产减少之原因。茶厂方面，本市土庄茶厂，本年开工者，计四十六家，较前年之五十七家，已少去十一家之多也。

出口减少。茶产既形衰退，出口自难见增。据上海商品检验局发表，本年上半年度自一月至六月间，由上海直接出口及转口之茶，总计为二十三万七千八百三十七担，较去年上半年度之二十四万七千七百八十七担，又减少百分之五。就茶之种数言，红茶减少百分之十六，两湖、祁门及宁州等红茶，均见减少。汉口之砖茶，亦随减百分之十六。其中，惟绿茶一种，约增加百分二十。再就国别而论，英、德、荷兰、印度及出口最重要之非洲，均见减少。惟美国及俄国略有增加，但为数亦极有限云。

《申报》1933 年 11 月 13 日

祁门红茶复兴计划

吴觉农　　　胡浩川

一、绪言

印度、锡兰、爪哇、日本各国之茶业，先后勃然兴盛以来，中国向以独霸世界之特产茶叶，遂日灰其黄金色彩，颓然就衰。鼎盛时代，自一八八〇年至一八八七年之八年中，仅有一八八三年稍稍不及二百万担，其他七年输出总额无不超过，多者乃有二百二十二万担。欧战之后，最为不振，一九二〇年不过三十万担，减少至七分之六以上。十年以来，虽已有回苏状态，然仍相去悬远，一九二五至一九二九之五年平均，计八十八万担，一衰一盛，尚复惊人无已。最近三年（一九三〇至一九三二）平均，仅有六十六万担，又复显其锐减如是！

若就输出类别，加以检阅，此项衰落之数字，全在红茶；绿茶不但未有若何减少，且不无微露进步之痕迹，砖茶独占中心之其他茶叶，变化亦不甚为激剧。兹特将三类茶之输出，列其最大数与其最小数，并最近三年数额，分表于下，以资研究。

砖茶及其他茶输出最多及最少并最近三年数量比较表

年别	数量	指数	总输出		备注
			数量	占百分比	
1909	697 132	100	1 498 443	39.9%	最多
1920	14 090	2	305 906	5.5%	最少
1930	229 190	33	694 048	33.0%	以下最近三年
1931	238 214	34	703 206	33.9%	
1932	221 782	32	653 556	35.5%	

绿茶输出最少及最多并最近三年数量比较表

年别	数量	指数	总输出		备注
			数量	占百分比	
1918	150 710	43	404 217	37.3%	最少
1929	350 055	100	947 730	53.6%	最多
1930	249 799	71	694 048	56.0%	以下最近三年
1931	293 526	84	703 206	42.7%	
1932	274 707	78	653 556	24.0%	

红茶输出最多及最少并最近三年数量比较表

年别	数量	指数	总输出		备注
			数量	占百分比	
1880	1 661 325	100	2 097 118	79.2%	最多
1920	127 831	8	205 906	41.8%	最少
1930	215 079	13	694 048	30.0%	以下最近三年
1931	171 466	11	703 206	24.4%	
1932	147 067	9	653 556	22.5%	

上列三表，均以其最多数为标准，数量单位担。

砖茶及其他茶，一九二〇年特少，以俄国革命，全无交易，盖有特殊关系，砖茶制造，且为俄国人自营之耳。最近虽在中俄商约中断期中，为数犹及一九〇九年最多数之三分之一有余。

绿茶顶点，在四年前，以较红茶在五十二年之前为时固近，其他茶在二十四年以前亦近。近三年中虽见减少，尚有其百分之八十左右。

红茶消费，世界风尚日益进展。我国输出，乃与之成反比例。向在茶叶总输出中，冠绝一切，六十年前常占百分之八十以上，今则只有百分之二十矣。黄金时代，乃在五十年前。其时饮茶最甚之英国人，一年平均之消费量，每人不及五磅，今已十磅出关矣。美国人之消费茶量，亦复增加倍蓰。而最近三年出口指数平均，不过一八八〇年百分之十一。尤可惊异者，乃由十三而十一，由十一而九，建瓴之水，直以急下！其未至如一九二〇年仅有百分之八者，一间而已！

兹为使阅者更求明了起见，特将红绿茶及其他茶，就四十年来之经过，以五年为一期，列表如下，更可知红茶危机，尤属间不容发。使再因循坐视，不为有效手段之采取，不数年间，则此大有希望之红茶，势即入于天然淘汰之林。

四十年来华茶出口量及其指数表

（单位：担）

年次		红茶	绿茶	其他	合计
1896年至1900年五年平均	数量	864 683	203 539	491 121	1 559 343
	指数	100%	100%	100%	100%
1901年至1905年五年平均	数量	689 590	245 616	499 850	1 435 056
	指数	80%	121%	102%	92%
1906年至1910年五年平均	数量	649 549	266 715	632 863	1 549 127
	指数	75%	131%	129%	99%
1911年至1915年五年平均	数量	661 852	291 980	613 393	1 567 225
	指数	77%	143%	125%	101%
1916年至1920年五年平均	数量	342 418	211 845	252 496	813 889
	指数	40%	104%	51%	52%
1921年至1925年五年平均	数量	318 532	288 422	71 171	678 125
	指数	37%	142%	14%	43%
1926年至1930年五年平均	数量	264 208	313 802	279 730	857 740
	指数	31%	154%	57%	55%
1931年至1932年二年平均	数量	159 268	284 117	234 998	678 383
	指数	18%	140%	48%	44%

国产红茶，以产地别，最重要者约有五种：

（1）湖红。产于湖北者，以宜昌为中心，湖南则在安化。数量最多，统称湖红。

（2）宁红。产于江西旧宁州府属，以今修水为中心。数量较次。

（3）祁红。产于江西鄱江流域之上游，中心区域，则在安徽之祁门。

（4）温红。产于浙江旧温州府属，平阳尤为著名。

（5）其他。四川，福建，广东，亦各有生产。

就中湖红、宁红、温红，均以品质较次，制造粗放，成本未高，尚有销路。今年南洋各国，限制低级茶之生产，因之尚形活跃。

祁红品质特佳，制造较为郑重，遂致成本之高，亦远驾南洋所产者而上之。年来国际贸易，几于残喘苟延，不堪之甚，难为想象！此在茶业同人，受累尤属少数，植茶为生之广大山农民众，其将何以为图存之继？

中国茶业之衰，亦已久有年所。复兴之道，无论生产，无论运销，均非采取统制政策，未足有望。茶之运销，自应整个进行，不能有所偏畸。唯其范围博大，着手未易，为便于试行之有效，期其易有成绩，拟自祁红，开始工作。一则势有迫切需要，一则事有可能希望，因以作成本计划。

统制祁红之产销，关于所有利弊，不能不为扼要说明，以见此项计划，所以因势制宜者有自，亦所以便于讨论研究者得其依据。

二、祁红概况

（一）范围

我国红茶，祁门最著。普通所谓祁门红茶，并非祁门一县境内之生产品。其运境之至德（秋浦改称，原称建德）及浮梁两县之所生产，亦谓之"祁门红茶"，简称"祁红"，亦或仅称"祁门"。

祁门、至德，属安徽省；浮梁，属江西省。以其同产红茶关系，故"祁浮建"，久成当地习语，若已不复知有省限矣。

三县出品，制造方法，大致一律，形状故亦无甚差别。至于上海各地茶叶店所零售之祁门红茶，劣者固多充冒；而最细者，亦时有不实不尽。此于国际贸易无关，可置勿论。

(二)产地

祁红生产地,以河流为天然之分划,最为便利;而于其品质高下,亦极判然可指。兹概举之如下:

(1)鄱江流域。祁门(不以县城为标准点)西部,实为中心,以次及于祁门中部、南部,浮梁之西部、北部,至德之南部。此一优良地带,属于江西鄱江之最上游。祁门、浮梁为阊江流域,至德为饶江流域,与产绿茶最著而在乐安江上游之安徽婺源,其水同注于江西鄱阳湖,而汇为鄱江。地积最广,山势特高,出产多而且佳。祁红产地,此为要区。

(2)长江流域。至德中部、北部,山势较低,水流直落长江者属此。产茶在祁红中品质最次,数量不过占鄱江流域所产者四分之一。

(3)浙江流域。祁门水流,有局部入浙江上游之新安江。其有红茶生产,数量极少,悉入鄱江流域所产中。

(三)运输

祁红内销,近年稍形发达,为数尚属有限。所有产额,在六万箱左右,此就春茶统计;子茶多制绿茶,运销广东,实则春茶以制外销绿茶者,祁门西乡,亦已稍稍有之。

出口贸易,向在汉口。欧战之后,自一九二〇年始,完全转至上海。鄱江流域之出品,由阊江、饶江,经由鄱阳湖,九江运出。由生产地运到鄱阳,河内小船,承载三十箱至六十箱,视水之大小而多少。以距离最远者言:快则两日而达,迟则五日,亦由水势无常使然。运费由祁门至鄱阳,三十六元为常例;历程近者,低少有限。鄱阳改载大型帆船,由小轮拖带,转至九江,每箱至少五角。祁门至九江水程五百四十里,至少共须一元一角,多则一元五角。屯溪绿茶运至杭州有七百余里,不过五角至七角而已。

鄱阳至九江,船户行摊班制,"破船多揽载",而又漫不经心,以致挟制任意,危险时有。其他受挟制者于人者,亦不知凡几,如由星子县姑塘码头,登岸纳印花税,每箱二分;而渡船之一往返,例定十元,长江大输之买关,仅须七元,犹无其巨,即其一端。

九江运至上海,每箱一元一角。每担两箱,连前合计须四元四角至五元二角。

至德北部,运出长江,以报关关系,不得顺流而下安庆,必逆江而上百余里至九江，再行运转上海，此一往返，不仅徒劳太甚，且亦所费不赀。

（四）出品之分批

祁门春茶，以出品之先后，约分三批：

（1）谷雨前后十日间（约自四月二十日至五月三日）采制者为第一批；

（2）立夏左右三五日间（约自五月四日至七日）采制者为二批；

（3）立夏后二三日以后（约自四月八日以后）采制者为三批。浮梁、至德，虽其采制以次而迟，亦无不分三批制造，一如祁门。资本短少之茶号，间亦有仅制两批者。

此项分批制造，品质显有优劣。故祁红品级，以有此本身之判别，故亦不须另事制定。唯其日期起讫，亦无划然界限，茶号各因其便利为之，往往同在一处，而相差二三日者有之。

（五）品质

祁红品质，以产于鄱江流域者为最佳。祁门境内，所以尤能形成超越地位。以其山多而高，四时云雾不绝。森林所在而有，气候受其调节。就中西部山林尤为伟大，所产益显优异。至德南部，亦与浮梁不相上下；其中部以北水落长江，天然恩惠见次，所产在祁红中最为低级。

上海交易市价：祁门最高，而其第二批、第三批，较之第一批相差殊甚。浮梁第一批，约与祁门二批价格相仿佛；二批、三批，虽亦跌价，相差较祁门为稍近。至德一、二、三各批价格，在祁红中最为稳定；其第一批价格，恒在祁门二、三两批及浮梁一、二两批之间。试各以其第一批作一百分计，以次下跌情形，约如下表：

品别	第一批	第二批	第三批	备注
祁门	100	70	55	相差数系大略情形
浮梁	100	80	80	
至德	100	83	83	

祁红品质，以生产地而有不同，缘于天然者，盖有大半。而祁门之叶质特嫩，且难使用同样制造法，手续不无精细周到所在，则由人事者，盖亦不少。

祁红采制，祁门最早；浮梁以及至德南部较迟；至德中部以北尤为迟晚，业已养成一般习惯。茶以早采为优美，愈迟而亦愈劣。香味固然如此，即形状亦以叶之生产经久而硬化，难为揉细，且亦减少发酵之充分。

（六）当地卖买

茶之芽叶，经由园户采下，谓之"茶草"，或"生草"。加以萎凋、揉捻、发酵、气干之后，谓之"毛茶"，亦称"水毛茶"，亦有称"茶胚"者。

祁门生草一担，约制四十五斤左右。至德三十五斤左右，浮梁在两者间。水毛茶干燥程度，与茶市疲俏成正比例，如其山价。山价，即在山之水毛茶价格。所以别于出山精茶之市价也。

水毛茶之采制，由于园户。收买水毛茶而复事精制者，谓之"茶号"。精制之先，须行干燥；既成，仍谓之"毛茶"，亦或称"干毛茶"。

精制业之茶号，收买生草制毛茶者亦间有之，然皆具有作用，不外：

（1）特悬高价，促起早采。

（2）茶重具有白毫毛之幼芽，早采者入大批中，可以提高身价。

（3）高价开买，易于招徕。

（4）招徕既多，得以操纵任意，或早为满庄。

唯是此项收买，鸡零狗碎，难得成数，实亦不愿获有大量成数。

普通商业有一惯语："早晚时价不同。"实则任何物品，无如祁红甚者。试就祁门为例：去年（二一年）生草，初则四角大洋一两，三四日即跌至四分。水毛茶，最高者百二十元一担，最低三十元，时间相距，仅有两星期。本年生草，由七分到三分；水毛茶则六十元到十八元。价格自高而低，如丸之走板，决于俄顷。园户之无力多雇临时摘工者，吃亏尤其无已！

（七）折耗

生草造茶，"四斤制一斤"，乃各地经验惯语。但在内庄茶叶，确是事实。外销精制，则有末子、梗子、子实等副产品，以及废物并无形折耗，自属不足。屯溪绿茶，干毛茶一担，精茶九十二斤为其标准，折耗不过百分之八。

祁门县水毛茶。大致二斤六两生草制一斤，湿度约占百分之四十五。普通二十二两秤，加以九八（即百分之二，实际有百分之四五）扣除样品，一担不下十六两秤一百四十斤。经烘之后，不难得干毛茶七十七斤。衡以屯溪绿茶情形，应出精茶七十二斤。乃从事精制之结果，副产品之花香（即末子），约占百分之二十五；梗子百分之五；乳花（即子实）百分之一；其他废物如不能入花香之灰粉等等，以及无形消耗，亦有百分之二左右。故七十七斤干毛茶，制成精茶，最多者六十斤，少者只有五十五斤左右。转算生草，乃须五斤五两至五斤半制一斤。屯溪绿茶，只须四斤五两即已足矣。

祁红制造，祁门折耗特巨，至德、浮梁比较稍轻。考其原因，最重要者有二：

（1）采摘粗疏。梗子之多，至占百分之五。精茶中尚有存余百分之三左右，虽堪饮用，但较绿茶为多且甚。宿叶不甚发酵，且又易碎而成片状，俗谓之"黄皮"者亦不少。此皆由于采摘法之未精细所致。

（2）制造拙劣。祁红之精制品，只有一种。求其匀细，掌握椎击无所不至，兼以拣别又复粗暴。干毛茶受器物指掌之抵触摩擦，而揉捻未能充分部分，以及芽叶较为硬化部分，悉成粉末。大量花香，即自此来。

（八）茶号组织不健全

屯溪绿茶茶号，大者制茶八九千箱，小者亦有千箱上下。此等规模，已觉未具。祁红茶号，至德虽较祁门为大，然去屯溪犹复不及甚远。祁门一县，去年有茶号一百八十二家，制茶总额三万箱，平均每号才一百六十五箱。就中绝大营业者达五百箱，且为仅见。

规模虽甚狭小，而其各项开支，无不应有尽有。尤其近来风尚流行，即仅三十箱，所需水毛茶三十担，而亦必设所谓"子庄"，分号收买。多者四五处，少者二三处。每一子庄，司账一人，工薪二十元；司秤一人，工薪三十元，伙食烟酒二十元。房租挑力，计四十。此为一般情形，所费合有一百一十元矣。

盖缘本庄须顾相富信用，子庄则可任意伸缩，于农民之操纵指勒，常无余地。枉费投机，巧得如此之拙，第有叹笑俱非而已。

（九）茶栈之盘剥

祁门一县之茶号，自具资本者，吉善长、恒信昌一二家而已。百有九十九，均由九江、上海茶栈贷来。茶栈挟其贷款关系，凡有债务之茶号，所有出品，运达九江之安全区域后，转运售卖，均经代理，茶号不得一事过问。

茶号为有契约之束缚，自处被支配地位；茶栈则予取予携，随心所欲。贷款资金，按月一分五厘。就地所付，乃一信票，谓之"申票"。成交之日，即行起息。此项申票，则由内地商人带至上海兑现，辗转使用，往往迟至数周或数月之后。贷款由代卖茶价中自行扣除，最少经三个月，母箱一百元，息金四元五角；即使获利百分之二十，已几去四分之一矣。况贷款以银两计，一付一还，规元折合，又例有贴水。高利贷而有空头时期，又加规元折贴，任何放款，无其利益优厚！

此外经手及其剥取费用，名目多至三十余项。就中明明剥取者，如不论茶箱有无破损，一律取修补费，不一而足。即其经手代付，亦多不实不尽。例如茶之运抵上海，经存轮船栈房，十日间例免租金；且得延长至一个月。随到随销，其在免费期间卖出者，无不照扣。其由九江运上海，十三箱为一吨，计重七百八十斤，至少三吨而有一吨之利可得。其他陋规以及上下其手，多亦类此。

总之，"茶价八折"，已成祁红习惯商法，以故茶号经营，即使实际得利百分之二十，尤为茶栈效劳而已。

茶栈宰割，茶号从无异议，乃为实际之所不敢。试举一例：去年有一茶号，第一批茶三十箱，运抵上海，成本六千五百元。评价一百八十元，未肯服从。其后茶市日疲，再四求售，迄不理会。盖以放款已在二、三两批茶价内扣除，所余无几，积压至今春始为卖出，每箱三十元，七除八扣之外，仅敷贷款尾数。卖茶有自主之一言，遂受如此制裁！茶栈之权威可畏，茶号之奴隶可怜，一何极端乃尔！

徽州绿茶茶号，较难就范。民国七年，曾有"路庄茶业事务所"组织，以谋改革陋规；祁红亦属精茶运沪，所谓"路庄"，所有茶号，始终不敢加入。组织成立未久，遂为茶栈合力击毁。然其戒心至今仍在，即如"样茶"强取，绿茶亦较祁红为稍有顾忌，即其见端。

尤痛心者：茶号以茶栈之无厌宰割，为有契约之忍受，视为理所应有。损失无奈，唯有转向当地茶户，图其报复。

（十）洋商之操纵

中国茶叶，挟有独特品质，而不能与其他外国劣次之品，角胜市场，反致日以削其销数，未能自行输送国外，从事与消费国人为直接贩卖，实一致命之伤，于是为茶卖买之洋商，遂得尽其操纵能事。绿茶生产，日本虽亦有之，其量不多，品质且亦至为恶劣。锡兰绿茶，情形亦如日本。故其操纵虽甚，而以需要关系犹较红茶为彼善于此。

红茶生产，印度及锡兰、爪哇各国，为数无不至巨，而以天候关系，色泽特美，滋味特峻，故极有销路。洋商坐此之故，对于中国红茶，益示不甚注意者然。祁红价值特高，益受操纵之苦。其术多端，难为悉数。如其每间一二年揹价一次；

每间一二年放价一次，循环往复，已成公式。所以招徕而贬抑之者，直若无人者然。每年最先到上海之祁红，不论如何，必出极高价格以事收买，绝无变异。即如本年祁红新货开始为二百零五元一担；不两日间，即跌百分之三十；又一二日百元左右，且不及百分之五十矣。绿茶即无此种情形。

祁红价格品定，漫无标准，一唯洋商意旨是从。分批出货，固为其本身自具之品级，上下其价格，固其应然。乃有等样之物，往往亦相差甚远。尤其成交之后，不即付价取货。因以中途发生异议，以致减削定价者亦时时有之。此则大洋行较少，小洋行特甚。

茶栈为中间人，但亦自利其利，洋商各有主顾，唯恐欢心偶失，不敢或有违异。茶号商人，昧于国际情形，茶之需要供给，举非梦想所及。洋商操纵，而又有受其所制之茶栈，从而左右其手。例如祁红售于洋商，有所谓"吃磅"者，即无论优劣，每百磅至少须贴补两磅又二分之一，多者三四磅不等。祁红总输出年约三万担，此项所吃磅总数，不下千担；最低价值亦有十万元。他则可以类推。

（十一）茶户之困苦

茶号不堪茶栈之盘剥，洋商之操纵揩勒，于是转其手段行于种茶山户。山户不堪其苦，乃疏放茶园管理，减轻投资，粗暴采摘，增重分量。品质日无进步，精制废弃之多，无不坐之于此。

茶号之盘剥山户，唯一手段，厥为收买水毛茶而用大秤，普通二十二两，折合十六两，侵占百分之三十八；折合十三两六钱之新制秤，侵占百分之六十二。明以侵占者如此！至于茶市坚俏时，或用二十一两；否则，二十三两，甚或二十四两。此外尚有所谓"扣样"之一侵蚀，即不计多少，九八折算，即百斤而为九十八斤，例定如是，实则往往倍蓰此数。当地捐税，名目繁多，每斤茶叶，计有三分左右，悉托茶号代收，七除八扣，又其盘剥之一机会。山户出品，类为鸡零狗碎，多者三二十斤，少者三五斤。计算之下，无不有其零数。零数只能找出，不得由山户找入。铜元作数，按照市价，例短百分之十五，如应得大洋一角者，则为八分五厘；九角者，则为七角六分五厘。实付铜元，又复截头抹尾。至于捐税收数之缴出，而有出入甚巨，则又另一问题。

茶农终年辛苦，从事茶之生产经营，乃坐为剥削者之最后尾闾。诚如谚所谓："大鱼吃小鱼，小鱼吃虾子；虾子没得吃，吃泥！"

安徽省立茶业改良场，关于生产调查结果，每亩盈余，仅有一元二角三分，其被茶号"扣样""找零"两项侵夺以去之数，即等此有余。是一调查，收入为二十一年，生叶每亩平均一百七十斤，一斤二角，计三十四元，始有此所谓"盈余"。本年山价跌百分之四十，实得二十元零四角，一正一反，亏折竟达十二元三角七分；明年茶价，较之今年，至少尚须跌百分之二十。无怪茶户漠视茶之经营，汲汲从事杂粮间作之栽培，以资弥补。

三、复兴计划

（一）目标

复兴政策，在有一统制产销之中枢机关。一面改善生产，一面改善贩卖，并进而从事精制之改善。其次，改善初制，改善栽培为统制之最终目的，亦其最高目的。

茶业实括农、工、商三项之一生产事业。栽培属之农，制造属之工，运销属之商。运销由复兴会从事经理，统制行之直接。栽培须茶户亲其事，复兴会为改善之指导，统制行之间接。制造则在两者之间。

为达到全般改善目的起见，应指导茶户为健全组织。此项组织，自以合作经营为最适宜，使其自有生产得以自行制造，自行贩卖。此上均属于积极方面者，约而述之，不外二端：

（1）统制试验研究，增进生产，提高品质；

（2）提倡合作经营，减低成本，集中运销。

其属于消极方面者：

（1）打破操纵，剔除剥削；

（2）划定当地钱价，衡制，改革买卖习惯；

（3）取消一切陋规陋索及捐税（如教育捐等必不可已者，由复兴会代征）；

（4）取缔不合理的经营并粗制滥造。

（二）组织及附设机关

本计划之执行，设立祁红复兴委员会为最高机关。由经济委员会，实业部，江西、安徽两省政府，茶业专家，茶业生产家及金融界代表组织之。

本复兴会直属于国民政府经济委员会，委员人选产生后，由经委会任命，并指导一人为委员长，负业务进行责任。

本会对于祁红之生产、运输、贸易为整个谋复兴。总机关设于上海；生产地祁门、浮梁、至德，各设分处，派员主持；集散地，亦派员办理转运有关事项。

本会业务分下列三部，各设主任一人。

（1）生产指导部。专司生产地茶户合作组织茶号制造及生产改善并金融调节事项；

（2）运销经理部。专司祁红之精制、运输、销售事项；

（3）技术研究部。专司祁红栽培、制造之试验研究事项。

茶业有季节性，工作人员，除具特殊情形者外，并不隶属于任何一部，即经常供职于任何一部，得以随时支配调遣。并得同时兼理两项，或多项不同部之工作，以节靡费。

应设之各项机关如下，按其性质，分别统属各部。

（1）金融机关。预定资本二十万元，临时大批放款，由中央银行、四省农民银行或其他官私银行贷入以为周转，或径代为经理。

（2）茶业堆栈。每一集散地，一所或数所。

（3）制茶工厂。每县暂设一所，最近期内，可与各地茶业改良场合作。事业如下：

（A）设备方面，凡国内外制造红茶有效之建筑及工具，旧式新式，无不应有尽有。

（B）经常造制，自应以树立模范为准则。而提前收买，并可促成早采风气。

（C）制造一面从事收买，一面并得代理合作社委托制造。

（D）第一批茶，茶户以茶事未了，难为自行精制，自可多为收买。二、三批园户得以自理，即将技术工人，分派到各村乡合作社，从事指导。

（E）休闲期间，利用房屋及机械，制造茶箱及其他茶业生产用具，以为改善装潢并生产助。平价出售，兼利茶户。

（4）茶业改良场。此由安徽及江西省政府设立，而其业务受复兴会节制。

（A）祁门已有安徽省立茶业改良场，至德已停办应即恢复，浮梁从速设立。

（B）三县茶场，均须有广大茶园。

（C）经常工作，合作分工，试验研究各有侧重，集中人力财力，促进效验。

（D）设备特重栽培方面，制造除轻便者外，与制茶工厂合作。

（E）化学设备，尽求一场之充实。

（5）茶叶商社。社址设上海，专任运输贩卖之责。其详细办法，另节详之。

（三）生产指导

生产指导重要工作，约举如下。

1.栽培方面。

（1）集中茶园。优良区域，尽量扩充；否则，予以紧缩，并指导经营其他作物。

（2）整理株丛。补植疏缺，改善行间；剪定枝丛，改善株势。

（3）精严管理。中耕，施肥，剪枝，防除病虫害，不得失时误事。

（4）肥料自给。禁止间作，培植绿肥。

2.采摘方面。

（1）倡导早采；

（2）改善采法。

3.制造方面。

（1）预定产量。每年销量，先为预定。各区制茶量，即据为比例之配定。一达此数，即行改制绿茶。如有不敷需要之处，则以子茶为补充。

（2）严密分批。各生产区，斟酌当年情形，确定采摘日期，同时起讫，分批制造不得参差。

（3）改善萎凋。日光萎凋，不及室内优良；阴雨天时，又复束手无策。应即促成普遍行使室内萎凋。

（4）促成机揉。机械揉捻，较手揉省力而充分，品质亦佳。

（5）改善精制。

（子）拣别在毛茶中工作；

（丑）减少筛分次数；

（寅）轧细利用机械。

以上三项，既省人工，并可减少花香末子之副产。

（卯）绿茶精制，乃在茶事既了之后开始，经时恒在百日左右，故其出品源源运销。祁红抢制、抢运，为时不过二十日，急应改革。第一批茶事未了，茶户虽于自理精制，以卖出为原则；二、三批茶，送到合作社制茶厂，经烘之后，妥善储藏，次第制运。

（6）改善箱装。

（子）箱子五十斤装，或改百斤装。

（丑）板子须加厚，裱纸宜精美。

（寅）装箱用机器，既不粉碎，又不致积久浅杀。

此其所举，皆其荦荦大者。推行之方法如下：

栽培示范，以试验场为中心；各生产区普设示范茶园；中梗、剪枝一切事项，举行循回示范，采摘、制造，亦复准此为之。生产事宜，固须经常指导。茶业休闲期间，或利用夏秋之间，采摘秋茶，举行讲习会。

至于初制，仍以茶户办理为原则。

（四）运输

祁门各县之水陆交通，各依其天然便利情形，规定其集散地如下：

（1）鄱江流域。分为两区：

（A）阊江流域：祁门全部及浮梁大半部。

（B）饶江流域：至德及浮梁一小部。

以上一律集中鄱阳，汇合处理。由鄱阳运九江，径即转运上海。

（2）长江流域。至德中部及北部。

集散地设于至德出口东流县境对江之华阳（望江县属）。集中之后，由九江派员就地看验，废止上运报关手续。转运上海，由统制会指定商输，长江下水经过至德，抛锚装载。

运输由生产地到集散地，内河小船载运，生产家自行办理，复兴会予以指导并监督。承载船只，须经认可船行有担保者。内河亦须接洽适当保险机关保险。

运至集散地后，交由复兴会负完全经理之责，所有各集散地，设置仓库或适当堆存栈房，以运到上海即行交货为原则，否则不行起运。

（五）贸易

1.品级。

为稳定祁红信誉，便利推销，以应需要者易于购求起见，须行严制品级。

祁门出品，祁门为一宗，浮梁为一宗，至德南部及北部各为一宗。春茶以出品先后，分为三批，第一批谓之"头春"，二批"二春"，三批"三春"。子茶不分批，谓之"夏茶"。

所有出品计四宗，各四批十六种。"批"为品级本位，每级各分甲、乙、丙三等。为品级齐同或应巨量需要，得以同宗同级出品，为适当之配合改装。其有品级过低者，特予另行处理。

为便于识别，易于推销起见，各宗制定包装色纸以为标识。此由生产家依制办理；甲、乙、丙等次，由复兴会审定加以注明。

2.样品。

品级审查，全凭样品。样品以生产家自送者作依据，另由复兴会扦取者对样。送样不及扦样，得全部开箱检验。

审查由复兴会聘请专家任之，审查结果，开具清单，决定品级。进行拍卖，亦即以此样品为凭。

样品除在拍卖所样子间陈列外，凡茶业掮客及经营商人，一律配布。其寄往国外者，另行处理。

3.拍卖。

品级规定之后，品质有其依据；买卖自可因有标准，放手为之。然为独立贸易计，自应以直接输送国外，并接洽国外茶商进行采购为原则。卖给在华洋商，亦必尽变积习，权操自我。

输往国外，由复兴会茶业商社一面积极筹谋通路，并与国外茶商谋其联络；一面扶植国人经营海外运销茶叶公司，予以便利并经济协助。

上海拍卖、兜揽、接洽，由茶业商社认可之掮客任之。交货、过磅以及计算各项手续，派员会同掮客协作。

拍卖日期，规定每星期二次，例如一、四；样品前三日布出。

拍卖亦得行交易企业方法，现货交易，期货交易，内外商人，均得自由参与。唯掮客不得收买放卖。

(六)经费概算

复兴会关于祁红之生产指导及统制贩卖，所需经费预算尚不甚巨，如经济委员会或皖赣两省政府力能胜任最佳，否则仍可取之于祁红赢余之中。兹将经临各项收支列表如下：

1.收入之部。

（1）临时 600 000 元。

（A）公家贷入 200 000 元。由经济委员会及皖赣两省任之。

（B）信用贷入 400 000 元。以信用贷入。

说明：①由公家贷入者，保管利息，逐年摊还。②信用贷入者，尽先偿还。

（2）经常 320 000 元。

（A）运销手续费 150 000 元。年约三万担，每担至少百元抽百分之五。

（B）生产指导事业附费 60 000 元。每担抽百分之二。

（C）制茶赢余 60 000 元。制茶工厂三所，自制代制平均一万担，每担六元，约如上数。

（D）杂收入 50 000 元。银行放款赢余，制茶附产等。

2.支出之部。

（1）临时 400 000 元。

（A）委员会办公设备费 10 000 元。

（B）制茶工厂设备费 140 000 元。

（a）祁门 60 000 元。生产特多，规模较大。

（b）至德 40 000 元。

（c）浮梁 40 000 元。

（C）金融机关 200 000 元。

（D）准备费 50 000 元。

说明：制茶工厂大部分房屋及堆存仓库，开始之初，可以借用。金融机关有基金二十万元，足资流转。

（2）经常 300 000 元。

（A）复兴会各部用费 100 000 元。

（B）国内外调查宣传费 60 000 元。

（C）制茶厂各项消耗 30 000 元。

（D）改良场及制茶研究补助费 30 000 元。

（E）准备费 80 000 元。

说明：支出之经临两项准备费，均可作拨还贷入费之用。

（七）合作社

茶户必须予以健全组织，一切改善计划推行。始有指挥自如依次实现之可能。此项组织，自以合作社为最适当。组织依据法定方式，加以实际变通，本年祁门茶业改良场，在祁门县境平里村，指导茶户组织信用运销合作社一所，规模极小。自制出品，不及二十五担。乃于一般茶号不堪亏折之际，竟有纯盈利益百分之十五。此缘生产合理者尚少；而未经茶栈之手，得力最多。统制施行，应注全力于此。

进行之初，应有先决者二：

（1）调查生产情形；

（2）厘定生产区域。

实地倡导，强制组织，基本组织，以村为单位，不求扩大，但期严密。并为各级联合组织：

（1）村合作社；

（2）区联合会；

（3）县联合会；

（4）总联合会。

每一合作社，以生产品质为本位，便于相互监督，每一村合作社，应有初制设备；区合作社，设立精制厂一所，而有充分设备。

茶业经常作业，悉取通力合作原则。

（1）栽培。此为慢性工作，平时可以交互换工行之。人力工费既形经济，而施肥、中耕、剪枝、除草以及病虫害、天灾之防除，可以促进均齐周到并普遍。

（2）制造。

（A）初制以生叶为标准，多数集中混合制造，搏节人工，且可促进方法之合理化，品质之向上化。

（B）精制自理，免去商人剥削。利害切身，工作认真，消耗少而改善易。茶事了后，从事工作，即妇孺亦可任拣别等工作，变分利为生利。

（3）运销。

茶号亏折，辗转出之茶户，盈余至多而无分润。自行运销，成本较商人多所耗费之出品，绝无亏蚀。且为协调形式供应市场，从容集中，自由支配，商人失其操纵能力。

组织完善，以合作社为本社，可以：

（A）信用借款，随时自便，而又无高利之累；

（B）共同购入生产及消费用品，减轻负担。

至于统制指导，每一生产区，派一专员经常驻在，协同合作社之工作人员，处理一切事宜。

(八)茶号

祁红茶号，为祁红茶制造贩卖之中坚。以经营之不合理，故其成本特高。在茶市较佳之际，尚有余利可寻。近三年来，以市价连年惨落，成本又复增高，以致十九遭受亏蚀。

本办法实行之初，对于祁、浮、建三县茶号，自应继续维持。惟必须遵守下列原则：

（1）划定地段，限止茶号设立数量；

（2）规定最低资金及最少制造箱额；

（3）在复兴会指导下予以低利之资金及制造上之协作；

（4）出品须由复兴会统制，与合作社同样为共同之贩卖。

上列事实，只举其纲要，详细办法，容俟以后规定之。

四、结论

茶业整个统制，事实未免难于进行。绿茶且亦有其自由出路，一时尚无妨暂取放任政策。红茶一蹶不振，几于即将澌没。据茶之世界消费趋势观察，红茶且日有发展。凡此种种，已详之于绪言中。着手祁红，一以试行，一以发端耳。

宋迄清初为时不下千年，茶之塞外贸易，悉由国家为之统制。虽其方法，互有出入；而其国营大旨，终于不离其一贯传统之中坚也。盖以茶之特产，外而控制塞外需要，操纵外交；且以充实军备，易其特产之马。内而厘定生产区域，内销者自由生产，自由运销；输出无不设官定制，统一经营。国家之财政，于以裨益，而山农生计，亦以受其增进。准是以观，今日从事茶业复兴，政策虽不尽同，效果则固有可期。

统制之后，且即其实况试申论之。

（1）祁红全部生产，不过三万担；折以新制，亦不过三万五千担。即使一无出路，而由国家全数收买，平均百元一担，三百五十万元耳。查美国红绿茶输入，最近总数为九千余万磅，绿茶只十之三。棉麦借款，以此作抵还品，直九牛之一毛耳。此则统制不虞无出路者如此。

（2）茶叶拍卖，仍由掮客从事兜揽。祁红准是，推而至于一切茶业之统制经营，无不须用掮客。此则通商口岸之习茶事生意者不虞失业者如此。

（3）内地茶号，限制经营，扩大规模。不仅无妨其存在，且使之经营合理化，减少成本，益增进其安全性。此则内地茶商不虞无存立之道者如此。

（4）茶之制造运销，集中经营，成本轻则利益大，最后利益，属之茶户。此则统制施行，尤不可一日缓图也。

至于祁红经统制后，生产经济所得以促进者究何如乎？安徽省立茶业改良场调查一九三二年之茶号制茶成本，以五百箱合二百五十担为准，结果如下：

（1）原料收买毛茶 55 000 元。

（2）制造费 2 148 元。

（A）制工 1 248 元。

（B）拣工 550 元。

（C）木炭 350 元。

（3）箱装 2 000 元。

（A）铅罐 1 600 元。

（B）木箱 400 元。

（4）转运 1 100 元。

（A）祁门至鄱阳 300 元。

（B）鄱阳至九江 250 元。

（C）九江至上海 550 元。

（5）货金利息 1 800 元。

说明：货额四万，三个月计，否则尚不止于此数。

（6）茶栈取费 5 000 元。

（7）税捐 2 650 元。

（A）营业税 150 元。

（B）地方捐税及其他 2 500 元。

说明：捐税系根据本年计算，较原调果数减少 1 200 元。

（8）茶号开支 3 740 元。

（A）本、分号职工薪食 2 790 元。

（B）房租 300 元。

（C）器具 150 元。

（D）杂支 500 元。

以上共计 73 438 元。

依据上项调查，毛茶成本每担平均二百二十元，一切使用九十三元七角五分。但普通茶号，制茶一百担左右，使用平均，百二十元左右者居多；不及百担，使用更大。加以统制，就上列各项可以减少程度计之：

项别	减少百分率	实支金额
毛茶折耗	20%	44 000元
制造费经济	10%	1 716元
箱装	—	2 000元
转运	40%	660元
贷金利息九厘	40%	1 080元
茶栈费用	60%	2 000元
捐税	60%	1 060元
茶号开支(不设分号)	50%	1 870元
共计	28%	54 386元

两相比较，就五百箱即可从七万三千四百三十八元，减去一万九千零四十二元为五万四千三百八十六元，约计减少百分率近百分之三十，每担生产费平均，不过□百一七元五角四分足矣。且此犹就五百担之制造费而论，多量多产，其减少成数，自不止此。且茶价经统制后，其必能高涨若干，更无疑义。

上述五百箱，作为春茶第一批。第二批毛茶山价减30%；制造工食及茶号开销，均以季论，不须更列。第三批毛茶山价又较第二批减30%。又第二、三两批其他各项开支亦较低，兹不再细列。

此项计算，其毛茶山价，依一九三二年情形计算，即依本年祁红初市，亦不致有所亏折。今年山价，原较去年低40%；然祁红茶商，无一不赔负累累。预计明年若不再减低20%～30%，商人必不愿从事收买，如此，栽茶农民之困苦，更将不堪言状！

为挽回国产红茶之颓势计，为拯救内地茶农之生活及茶叶商人之营业计，非积极从事于祁红茶之统制，则中国茶业之复兴，殆难言矣！

《农村复兴委员会会报》1933年第7期

皖祁门红茶衰落之救济

（婺源通信）祁门红茶，为吾国出洋箱茶之最高庄，自湘鄂浙赣红茶遭败后，在海外市场，与日印锡爪茶作最后挣扎者，仅恃此祁红尚能保持原有地位，未即被其挤出耳。近年因受世界经济恐慌影响，销场价格，均一落千丈，前旧两载受创尤大，茶商血本，完全耗尽。本外帮在祁营茶业者，咸告破产，茶工茶农，亦同遭困厄，向之露头角于欧美诸邦之祁门红茶，遂日灰其黄金色彩，颓然就衰。该县县门余一清氏，鉴茶业日就衰微，直接影响茶商，间接实苦茶户，改良产销，急不容缓，除迷与本邑茶商研讨救济办法外，并拟具改进中国茶业意见书，呈转实业部，为根本之救济，旋奉部批，以所陈均有见地，准予采择施行。月初省党委谢仁钊氏由祁赴京，余氏又将此项意见书，交由谢氏带京，面呈部长陈公博，冀促早日实现。该意见书内容，大致分下列各点。

（甲）关于茶业贸易，有待政府改进之事项：（一）于通商大埠，设立茶业统制运销机关，直接买卖，改民营为国营，期免外商之操纵，及中间商人之剥削；（二）派遣专员，联络需要最大之美俄两国，直接购买；（三）设立对外宣传机关，使世界各国明了华茶之优点。

（乙）关于茶农与茶叶品质，有待政府改革之事项：（一）派员指导茶农，组织各种合作社；（二）举办茶农贷金；（三）举办奖励与补助；（四）倡设茶事改良试验机关，以谋最高效力种制方法之产生。

《农村复兴委员会会报》1933年第9期

取消两浙纲地中徽属婺源祁门两县
加征中央附税

据兼两浙运使电陈，办理各属加税情形，及实行日期。关于纲地之徽属婺源祁门二县加税一元，据称该两县运销事宜，向系附属于休宁黟县，并无单独引岸名称，划分缴税。且此次整理盐税，两浙纲地并未增加，如独加休黟，必为邻地侵销等情。当以所陈各节，理由尚属充分。经已电准将该徽属婺源祁门两县加征中央附税每担一元一节，即予取消。并电饬盐务稽核总所转饬遵照云。

《盐务汇刊》1933年第32期

徽州产茶

农　菊

徽州处于万山之中，而形成皖南一大高陆。东距杭州六百余里，有新安江可以帆行；北距芜湖三百余里，亦有旱道可以轿行。然而在交通上，已感到很大的困难了！——也就因为交通不便，旅行困苦的缘故，徽州的人情风俗，是纯厚古朴的；徽州的初级教育，是广泛普遍的；至于徽州的生产事业，更可以为人足述的。譬如婺源的木材，祁门的磁泥，休宁的指南针，绩溪的丝茧，都是大宗的特产。而茶叶一项，全徽六县之中，都有出产，而且每年输出的数量，几近千万元，全徽人民的生计，都要仰赖于此！所以徽州产茶事业之盛衰，不但关系徽人局部经济的问题，而国家对于国际贸易上，亦发生严重的影响，此值得吾人注意之一事。

歙县的茶业，向称丰富，在皖南各县产茶区域中，很可以西与祁门，南与婺源鼎足而三。不过近十年来，只以墨守旧法之故，栽培不良，制法落后，从前国外独占之市场，已为日本、印度、锡兰新兴之茶业，夺占以去。国外的贸易，既日渐衰微，而国内不靖，灾害丛生，亦足以减少生产。历年以来，经营茶业之茶商茶户，赢利者固有而亏欠累累倾家破产者，比比皆是。

兹值新茶上市未久，爰将歙县最近茶栈、茶庄、茶户各种情形，调查所得，详志如次。

茶业：

歙县植茶土地面积，倍于休宁；而茶叶产量，尤以东南两乡为最多。东乡又分里东外东为两区：外东产茶较少，产额最广者，当推里东之王满田、谷川、汪村、桂林、呈坎、渔梁、琳村数处。南乡亦分为水南旱南两区：茶产最丰者，又推深渡、街源、黄蔚、朱陈、绍泽、樟枫树、胡埠口、石门坑、长街、黄毛、长标、孤岑、王村、岑口等处。茶叶质味之佳者，又以黄毛、长标、孤岑、街源等处高庄各家所栽培者为最著名。各乡所产茶叶，分烘青与绿茶两种：烘青销东三省、平津、青济等埠，绿茶销本地洋庄茶号制运出口。在丰产的年岁，全邑茶产总额，约在五万担以上，计价不下一二百余万元。今岁各乡新茶，因天时寒冷，茶采嫩头，各地普告歉收。据产茶山户之估计，本年茶叶产量，较诸上年，仅有七折收成。

茶栈：

歙县茶叶，每年除烘制销售店庄外，洋庄出口箱茶年有三四万箱，虽数额不及婺源、祁门、屯溪三处之多，但亦不在少数。故上海各茶栈，为推广营业起见，均在歙邑设立分栈，接客放汇，每年贷出茶款，总数在百数十万元。今岁各茶栈因银根不畅，对于茶号放票，均一律减缩范围。截至最近，各栈放出之茶银，为数不过二三十万而已。各茶号因茶栈放款紧缩之故，周转不灵，一切均感束手，较之曩岁畅旺时代，实有天渊之别！

茶号：

歙县境内，专门经营洋庄之茶号，年有六七十家，营业尚称茂盛。号商之中，殷实者本居多数，益以茶栈大宗之放款，更觉长袖善舞，周转活灵。无如近数年来，因受洋商进胃紧缩，以及内地山价成本增高之影响，营业的遭亏折，尤以去岁受创为最甚，至于本年原有各茶号，资本充裕者，尚可添本继续开场；资本竭蹶者，困于新资本不易筹措，彼此相率观望。屯溪中国银行，虽派员在歙县设立办事处，但其业务，专营汇兑，不放茶款，银根仍旧紧张。目下各乡开场办茶之茶号，较之往岁减少十余家。歙茶之不振，于此可见一斑。

茶庄：

所谓茶庄者，即山东平津各店庄派员在歙设庄办茶之所也。近年该帮烘青销场异常强大。曩年采购，均由行贩间接售与。后因需要日增，帮客以间接进货，辗转不便，乃值新茶登场时，各至产区集中地，自行设庄向帮户直接收办，茶价登时付现，毫不拖欠。各帮之贸易，以黄蔚为总枢纽，其他如长标、胡埠口等处，亦设庄所。进茶总数，年达百余万元。产茶山户，因贪现款之故，每多舍洋庄而就店庄，人心之趋向，亦以店庄为依归，盖洋庄出盘小，向店庄开价高也。今岁鲁冀各帮，因总店来电限购，遂各乘机杀价，刻意苛求！截至现在，各帮收进烘青总数，不过四十万元，较上年少办十分之六。且一般山户，以今岁洋庄出盘见昂，遂多舍店庄而就洋庄。行见头茶收园，烘青新货，日将减少，且不久即行停制，各庄进货，自益难兴奋也。

茶户：

歙茶因有洋店两庄之销路，畅销之年，时感供不敷求。每值茶产蚀收，洋店庄争相竞进，山价随之上涨。近年东北、华北各帮，销场扩展，烘青山价，由六十元提高至三百元，洋庄出盘，由五十元至百元。一般山户，藉此鹬蚌之争，而坐收渔人之利，得价既丰，生活亦足以维持下去。去岁东北各帮茶客未来，歙茶销路，几失其半。今岁山东平津各帮，虽仍进山采办新茶，但出价不高。最初尚开出百元之市盘，未几即随意杀减。目下最佳之茶，仅售六七十元，甚至朝提夕降，一日三市，使一般茶户，难于捉摸，暗中叫苦不绝。最近岑口新茶，由洋庄开秤，出价六十八元至九十元。东南各乡茶户，因店庄杀盘太甚，均纷纷停做烘青，改制洋庄绿茶，冀沽善价！但洋庄开此市盘，视往昔已经减七折，在今年犹高盘，但此种市价，能否保持不落，须视上海新茶得价之高下而定。总之，安徽本年茶户，因受国外国内市况，萧条销路不旺之影响，实处于山穷水尽之厄境！蚀茶蚀价，经过两层剥削，所得亦有限矣。

《人民周报》1933年第78期

德国茶销激增

德国亦为世界茶叶之一消费国，自欧战以来，该国茶叶需求，一落千丈，尤以华茶价格过昂，贸易几于完全停顿。近据龙沙消息称，去年德国茶叶销路，大为激增，各城市销售之印度爪哇锡兰日本茶及祁门红茶，总额共达九万七千担，较从前增销三万余担。现下德国人士，对于咖啡一项，逐渐厌恶，将来茶叶销路，大有发展之望云。

《国际贸易导报》1933年第4期

调查事项

一、调查祁门茶叶

安徽省政府以该省各县多为产茶名区，拟积极整顿，而邀本局农作物检验处吴技术官，前往计划。十一月间，吴技术官偕同安徽茶业改良场职员，前往祁门，实地调查，现已返局，正在编制报告，以供采纳。

二、调查麦蒂茶

本局前接上海市社会局函，以本市茶叶同业公会暨市商会呈称，以最近报载，有麦蒂茶之发明，内谓饮茶过多，伤脑脱发皱颜等害，对于茶业大有影响，函请查明见复；当经派员调查，详加研究，据历述茶叶之功效，并无如报载之害，函复该局。请予警告，以免妨碍茶业前途。

三、调查面粉由沪进口统计

部中现拟举办进口面粉检验，来函嘱调查研究，故由本局化工品检验处调查近三年来面粉由沪进口统计。

四、调查关于检验火酒事宜

1.化工品检验处赴江海关调查火酒每日报关次数及数量等次。

2.赴各火酒进口商号，调查市销火酒之种类牌号及成分等。

3.赴震丰号调查火酒商标及装置事宜，并购买样品。

五、调查糖品油类事宜

由化工品检验处调查糖品油类名称之由来，及商人习惯等情形。

《国际贸易导报》1933年第8期

百业盈虚录

一、茶叶

茶叶为我国大宗出品之一，每年出产，除一部供给国内消费外，余均推销于国外，大部以输入苏俄者为多，计占输出额五分之四强，惟迩来因受印日等国茶叶之倾轧，销路惨淡。去年陈茶堆积在沪转售者，为数尚多，现新茶又次第上市，茶叶存数更多，市价因之日渐跌落。本年华茶输俄，因受锡兰及日茶影响，以致对外贸易，突趋衰落，旧茶积存颇多，计祁门红茶六万余箱，绿茶五万余，且因云雨绵绵，经受湿气必一部略有腐坏，若不早日脱售，全部均将受损，茶商蹙额为忧，且英俄驻华收买华茶商人，见华茶购者寥寥，存货山积，茶价有日征跌落趋势，故均暂持观望。

现俄国茶商，以华茶有特殊香味，国内销路甚佳，积极在华收买，沪满两埠，均派驻人员负责购办，计在上海拟购红茶三万箱，绿茶五万至六万箱，汉口绿茶十八万担，红茶七万箱，花香一万五千担，惟卖买两友又因购买条件，迄未议妥，成交者仅值六十万元，静待跌价，茶商殊觉痛苦云。

日本锡兰茶商，为谋占世界茶市，竭力向俄国推销，今年亦仍以赊卖条件，劫夺华茶在俄市场，锡兰茶以俄商成交者，已达一千万磅，计一万五千大箱，日本一万磅，悉属绿茶，概为赊售性质，并无担保。

英国本地本无茶产，所有用茶，悉由印度中国输入。今年华茶输英者，计有祁门茶三万余箱，但俄商因我国茶商不肯赊售，反购英商手中之华茶，去年购数达万箱，惟售价较昂，连水脚佣钱等费算入，售价与在华市场之华茶，高十分之二至十分之四云。

沪上华商，计分上中下三级，现下售价每担一百元，中级七十元，下级五十元，较去年售价，计跌去一半，内地植茶者，因辛勤终年，无利可图，故均故营他业，生产遂渐减小，若不速谋救济，华茶似有淘汰可虑矣。

二、祁门红茶业

安徽为国内产茶中心点，茶叶名类之繁，产量之多，质味之佳，几无地可与比伦。即以出品最少，仅供应省境内城饮用者而论，如江甫之毛峰，桐城之雀舌，泾邑之雨前，太平之毛尖，青阳之云雾，六安之绿茶等，制法虽粗，而色香味醇，据、地带，行销安茶外，在国际贸易久负盛誉者，厥为祁门红茶，而婺源绿茶次之。祁茶国外商业即今垂五十余年矣，惜园户视同副业，拣焙欠精，销数日行缩减，市价时形惨落，闻本年春茶价格，较上年已跌百分之四十，究其原因，非关天然，实由人事多有未尽故也。

祁门地势高峻，乱山层叠，县城偏于全境东北隅，东走休（宁）屯（溪），北出大通，西接省垣，南接江西浮梁景德镇，夏秋之交，均赖帆航直达。陆行则极费时，其土著出外经商者，恒七八年不一返。当光绪二年，有黟县余某来自德县（即前秋浦），于祁门西乡历口地方开设子庄，劝诱园户制造红茶，（按该县自制青茶）出高价专事收买，翌年设红茶庄于闪里，出产虽少，而获利颇厚，此为祁门红茶制造之始。时复有同春荣茶栈，来茶放汇，茶户信赖之，风气渐著，于是竞种新茶，相率制造红茶矣，而驰誉中外之红茶制造区域，遂以形成。

查祁门土壤，多属砂质，富于磷酸铁质等养分，空气湿润，云雾笼罩，颇合茶树栽培。民六前北京农商部模范茶场，曾将历口丝绕坞茶山土壤，送由北京中央农事试验场化验结果，称为植茶佳壤，则祁门实得地利之胜。考其产地区域，东北狭而西南广，全县产茶面积，约为三万五千至四万五千亩，因植地多于山边田畔行之，鲜有大规模茶园，此项统计，仅能就产量推算，若求确数，仍有待于异日也。前农商部第三次调查红茶产额，年为三万八千五百九十四担。民三祁门茶税局统计，为二万二千四百五十二担。本省建设厅民国十九年调查统计，为二万二千二百零五担。上年出口三万八千五百箱，每箱以五十斤计，仅一万九千二百五十担，盖因近来生产歉收，灾害时作，园户以茶疲滞，人工昂贵，所得常不能抵工本，转多任茶树荒老。头茶售价虽高，但为时甚暂，二茶价即骤低，各茶号以沪市不佳，胃口顿松，制者亦大少，宜其逐年比较，锐减无已也。

茶号报运红茶，多由洋行及茶埝经售，民九以前，均由汉口销售，迨后汉市中落，红茶贸易中心，遂转移上海，初红运出先用小船（每船至多装六十箱，船价三十六元），由昌河经江西景德镇，运至饶州，每箱运费约六角，再改抚州大船，用小轮拖载，出鄱阳而达九江，小轮拖费每箱约二角，抚船三角，由江轮运沪，每箱约一元一角，以上运费，由祁至浔，归茶号自理，由浔至沪上下驳力等，均归各放汇茶栈九江分栈代办，俟茶售出，由沪售在售价扣除。

浔沪两地近年放汇茶栈，为忠信昌、洪源、永源丰、永兴隆、仁德永、慎源、公升永等数家。祁门茶号，在最近三年，时有增加，十九年全县凡九十余家，二十年增至一百四十家，二十一年竟增至一百八十家，较十九年骤增一倍，茶栈放款既滥，舍身尝试茶号者日众，抢货成本加高，复受洋商操纵，以致形成今日不振之象。

祁红亏折惨落，究其原因，有如下述数点：茶农墨守旧规，栽培难周，制造粗，而放于选种、施肥、中耕、整枝、采摘、妨害诸法，绝少研究改选，故生产日减，品质日退。茶商目光短浅，只事茶价苛求，缺乏贩卖技术竞争，运销方面，向例不能与外人直接谈判，中间茶栈盘剥，洋行勒抑，纵今年产尽数销罄，亦不过以土货奉于驻华外商，售价虽高仍供居间中饱，茶农所获有限。再如去年每石最低成本须三百元，而最高售价只二百二十两，洽与成本相埒，其次仅为一百六七十两上下，本重而售价低，甚至不能保持原本。而海外销路，英政府重征华茶进口税，每磅加征四便士，推而言之，茶栈滥放，茶号随之骤增，园户居奇善价，卒至亏折。洋商在前年曾微放价，少予茶商以利益，去年箱茶因之大盛，但出货一旺，洋商又抑其价矣。

为今后改进策者，关于植茶，应厉行整枝，规定幼芽采摘日期，关于茶则为改谋机器揉捻，提倡改良制造，关于贩卖，则应组织合作社共同购入，免致各立门户，并取缔潮茶，今后包装，宜改用坚固木箱，用铅条包扎，以利运输，并应废除种种苛捐，减低成本，如以上各事可见实行，茶业前途始有希望也。

《中国商业循环录》1933年第9期

安徽省政府教育厅指令第二〇六九号

令祁门县县长余澄

呈一件：呈据教育局遵令改编二十一年度县教育经费岁入岁出概算书，请核示由。

呈暨概算书均悉。查该县二十一年度教育经费概算，经临出入均为一二点九二五元，收支尚称适合，准予备考。至牲屠附加既按县府全年牲屠收入二千二百元，照百分之三十抽收，应为六百六十元，来书内列八百二十元，究系何故？各区公私立小学经费，未将学生班次、支费标准详细注明，无从稽核。义务教育经费收入达四千三百九十元，支出只有五百元，现在短期义教亟待实施，何以该县义教特捐不悉数拨作义教用款？社会教育经费仅有六百二十元，依照全县教育经费总额，不过百分之五强，自应设法扩充，期达部订标准。各区立小学经费仍由各该校自由征收，殊与办学原则不合，着查照茶捐统一办法，责成教育局统收统支，俾资改进。以上各节，仰该县长转饬教育局长分别遵照办理，并切实声复来厅，以凭查核！切切！此令。原送概算书存（四月七日）。

祁门县教费岁入经常概算，本年度为一二九二五元，上年度为一四一五一元，减一二二六元。岁入临时概算无。岁出经常概算本年度为一一九四六元，上年度为一二五一二元，减五六六元。岁出临时概算本年度为九七九元，上年度为四〇〇元，增五七九元。经临合计增一三元。

《安徽教育行政旬刊》1933年第1卷第13期

安徽省政府教育厅指令第八五六六号

令祁门县县长

呈一件：为转呈教育局呈送二十一年度教育经费概算书，附送二十年度决算书，请鉴核由。

呈暨附件均悉。查该县二十一年度教育经费岁入岁出概算书，计收入共洋一万二千九百九十五元，经临支出共洋一万二千九百十二元，两比尚余洋八十三元。据称因受茶价低落影响，故较上年度减收十分之□弱等语，自是实情，惟收支两数，核与适合之旨不符，应饬查照原则，另行改编，转呈来厅，再行核办。至稻租一项，据称每名价洋四元三角，核之现在谷价，未免悬殊。该局经费年支一千三百八十元，尚无不合！应饬查照第八八二号通令所颁格式编列，毋庸另列目节；又该局旅费及调查费，未据核列，并饬查照教育局经费支用标准办理，至所送二十年度决算，计不敷洋一百四十四元有零；应否划归本年度偿还，未据遵式列入岁出临时门□三项内。至关于该县社教实施计划，仍应遵照本厅第一八一七号训令，集中原有县立图书馆、公共体育场、民众阅报所、讲演所之经费，迅将县立民众教育馆组织成立，并将该馆经临预算及筹备员履历及证明文件，从速呈厅备核。除二十年度决算书，存候汇办外。仰并转行知照！此令。（二十一年十二月二十九日）决算书存；概算书暂存。

《安徽教育行政旬刊》1933年第1卷第13期

祁门之茶业

一、概况

祁门，为安徽重要产茶区域。所出红茶，在海外市场占有极超越地位，售价之高，国内罕有其匹。每当沪市开盘，常以其价格为一般红茶之标准。红茶种别颇多，品质亦异，其西乡历口之雨前，闪里之白毫，神异优美，久为外人所嗜好，销售尤为挺畅。考其历史：该县向来皆制青茶。一八七六年（光绪二年），有黟县余某来自至德县（即前秋浦），于历口开设子庄，劝诱园户制造红茶，出高价以事收买。翌年设红茶庄于闪里。虽出产不多，但获利颇厚，此为祁门红茶制造之始。时复有同春荣茶栈来祁放汇，茶户信赖，风气渐著；于是竞种新茶，相率制造红茶矣。此驰誉全球红茶制造之区域，遂以形成，距今犹不及六十年焉。红茶之外，尚有少数安茶之制造。此茶则概销于两广，以制法与六安茶相仿佛，故名为安茶，严格比较，则稍觉粗放。如其南乡孙义顺之出品，有百余年之历史，在粤东颇负盛名。徽六名茶，并驾齐驱。岭南医士诊方，常有以孙义顺茶叶为引者，亦可见其珍贵与价值也。

二、地势及交通状况

祁门地势，颇为高峻，在地学家划为闽越山地之一部。层峰叠嶂，举目皆是。除沿大洪、大北、小北等水之两岸间有一线平原外，余皆崇山峻岭，星罗云屯。县城偏居全境东北，凭临昌江上流西岸，东走休屯，北出大通，西晋省垣。登山越岭，皆极困难。惟西南至江西浮梁景德镇，每值夏秋，昌江水涨，有船可达，较为便利；但一届冬令，则水势低落，即半载船亦胶格难行，牵撑费力，行者苦之。以故商店货物，多乘水涨时，由景德输入，或陆行五十里，至黟县之鱼亭镇，再沿南港河至屯溪镇采办。因此各种货物，较之交通便利之区，无不价高倍蓰。其土著人之出外经商者，恒七八年不一返，大都苦于交通梗阻，不敢轻作还乡之举。茶业经济之受重大影响，更不难想象得之。

三、物产

茶为祁门主要产物，无待论说。昌江上游之大北、小北及大洪等水沿岸，与西南之至德及江西之浮梁，同以产红茶著名。该两县品质，虽怂较次，因与祁门毗连，故亦名祁茶，得与祁红享同等声誉。东乡一带产白土，为瓷器原料，景德诸窑大都仰赖于此。其次为木材、药材、桐油、香菇，出产亦多。惟稻米一项，因境内山多田少，每年当地所收，仅足三月之食，余均仰赖江西输入，市价甚昂。以故山居之民多种苞芦、山芋等类杂粮，以资补充。

四、人口

祁门人口，客籍甚多，当地土著不过十之五六而已。客籍之中，尤以赣省抚饶等属，本省安庆所属各县为最多。或以经商而集，或以务农而来。盖一因距离甚远，一因当地人稀，一切谋生较为容易耳。兹据该县户口登记处民国二十年之调查，统计全县人口为九万七千二百六十二人，其中男为五万二千零三人，女为四万五千零五十九人，其相差数为六千九百四十二人，即男多于女为十分之一以上。

五、土壤

查祁门土壤，以性质言，多属砂质壤土，富于磷酸铁质等养分。空气湿润，云雾笼罩，此于茶树栽培，颇为适宜。民国六年前北京农商部模范种茶场，曾将历口绕丝坞茶山土壤，送至北京中央农事试验场化验，兹将其化验结果，抄录如下，以见此名茶产地土壤之不同也。

祁门历口绕丝坞土壤化学分析成绩表

物质	成分	备注
水分	2.410	
灼热后消失物	6.580	
不溶于盐酸之物质	80.453	
硅酸	1.0020	溶于盐酸
酸化铁	4.4800	同上
酸化铝	6.2200	同上
酸化钙	0.2000	同上
酸化镁	0.2210	同上
酸化钾	0.1610	同上
酸化钠	0.1236	同上
硫酸	0.1170	同上
磷酸	0.2035	
碳酸	4.3300	
盐素	0.0270	
窒素	0.1356	
腐殖质	2.0410	
总成分	99.9735	

注：上表百分率，略有错误，以无宗卷可查，容他日改正。

观上表可知，三要素及碳酸含量均富，铁质尤多，洵为植茶最佳之土壤。祁红得地利之胜，名播中外，良有以也。

六、茶叶产地

祁门境域，东北促而西南展，故茶叶产地亦西南多而东北少，兹分举之如下：

1.东乡。金字牌，许村坞，五溪源，新设铺，霞坞，大园，黄土坑，仙洞源，石坑，凫溪，黄畲山，许村，魁溪，坑口，金壁拗，黄畲源。

2.北乡。胥岭，沙湾，秀溪，东坑，许家坦，枫林街，宋溪，翕桥，长培，石门，田里，湘源，黄荆岭，武亭岭，白塔，西源里，椒坑。

3.西乡。石门桥，二都，历口，伦坑，桃源，渚口，闪里，许村，赵家，良禾口，新安洲，高塘，石谷里，双河口，千佛桥，伊坑，彭龙，张坑，陈田坑，箬坑，石墅，石潭，樵滩，黄龙口，彭源，古溪，金源，武陵坑，江村，曹村，叶村，栗里，尚田，马口，大坞里，大桥头，西坑，天源里，查源，詹家坞，白云村，新田，金村口。

4.南乡。塔坊，平里，程村碣，侯潭，贵溪，景石里，倒湖，奇口，卢溪，店埠滩，奇岭，余坑口，月下山，汉口，阊头，安山，板桥山，龙源，查湾，石溪滩，舟溪，将军桥，漳村，双凤坑，何家，桥山，仙源，溶口，竹科里，白桃村，王公峰，宏公桥，郭口，仁和里，石溪，濂溪，榨里，曲坞。

注：有下划线者表示为产量之特多。

七、产额及面积

祁门茶叶产额，据前北京农商部第三次调查，总数为三万八千五百九十四担；祁门茶税局民国三年统计，为二万二千四百五十二担。本省建设厅民国十九年十月调查统计，为二万二千二百零五担；上年出口三万八千五百箱，每箱五十斤计，仅一万九千二百五十担。盖因近来生产歉收，灾害时作，园户以茶市疲滞，人工昂贵，所入常不能敌其工本，故多任其荒老。头茶售价虽高，但为时甚暂，二茶价即骤低，各茶号以沪市不佳，胃口顿松，制者亦以大少，宜其比较前年，更觉锐减。全县产茶面积，约为三万五千至四万五千。按此间植茶多半于山边田畔行之，七零八落，鲜有大规模之茶园。此项面积统计，乃就产茶数量，求其每亩平均产量，再推算之耳。精确数字，犹不能不有待也。

八、栽培

祁门茶树栽培，西南两乡，大致相同。惟西乡对于茶园管理，较为精细；然大多数皆取放任主义，徒知年年尽量采摘，以戕害其生命；而于助长生命之施肥法，则漠然不讲。在新种之茶，初不施肥，其地力尚足供给。迨经十数年后，地力渐衰，正宜施用肥料，以助滋长。顾频年以来，茶农以限于经济，每多听其自然。甚或变本加厉，于茶园中栽种苞芦、油菜、大豆等作物，以期收入增多，藉以弥缝茶亏歉，土中养分，又多一层剥削。以故品质日劣，产量日少，其有每年中耕二次，施肥二次者，殊不多得。兹详述其栽培法如次。

1. 垦荒。垦荒步骤，可分为砍柴、开掘、翻土、整地四项手续。每亩费用，须视地势之高低，工资之贵贱，工程之精粗而异。大致每亩约二十工至二十五工，每工五角，计洋十二元五角。需种子三斗，每斗以四角计，约洋一元二角。

2. 种植。种子多系本地茶园出产者，每在阳历十一月间采集之，埋于向阳之地窖中，至明年春季掘起播种。种植方法，多系直播。种时将地掘成直径尺许之穴，并将穴之底土耙松，每穴六七粒至十余粒，以土覆之，厚约三寸。如播种得法，种子优良，则生活成数必多。否则仅五七株不等。距离行间三四尺，株间二三尺。

3. 耕耘。中耕年约二次，第一次在阳历三月间，茶将萌芽之时行之；至八九月间，正在结实之时，行第二次中耕。除草则无一定时间，当视杂草生长之情形而定。

4. 施肥。园户常用之肥料，多为人粪尿、草木灰及菜饼之属。其法，先将根之四周掘成三四寸深之环沟，纳肥于沟，上覆以土。每年有施用一次者，有施用二次者，其施用量每亩人粪尿约八九担，菜饼约三四担。其施用时期，恒在二三月与九十月之间。

5. 剪枝。剪枝一项，向不施行，一因不知其利，二因爱惜过甚，恒有一二十年之茶树，从未修剪一次者。惟荒老茶树，间有完全刈去，使根际重发新枝者；但经全刈之后，非休养二三年后不能施采。

6. 采摘。新种之茶，须经四年后方可开采。而开采之第一年，仅摘春茶一次，其量甚少。尚留其下部小枝幼芽，以增树势。迨至第七年，生育健全，树已蔚然可观。在清明至立夏前开采者，曰头茶；距此二十日后复采者曰二茶；继二茶而采者曰三茶。三者采期不同，品质随之而分优劣，价亦因之而有贵贱。采摘人工，无论男女，均可为之，在茶期前，即须雇妥。大概均系来自江西乐平、铅山、鄱阳及本省安庆六邑诸县。有点工制及包工制两种。点工每名每日工资五角另给饭食。包工，每名每季工资七元，亦另给饭食。每工每日采量最多十三四斤，普通约八九斤。近因茶价不振，茶农每将茶芽养至数寸，连茎带叶，一同摘下，冀图斤重。迟采之风，由此养成。附每亩茶园栽培费调查表（略）。

九、制造

祁门所产茶叶，除制造红茶外，尚有少数安茶之制造，为数仅二千担（此数包括在一万九千二百五十担之内），专运两广销售，供国内之消耗，不及红茶概销海内外之广也。红茶制造法，除采摘外，尚有八项不可少之手续。即：1.晒青，2.揉捻，3.发酵，4.烘焙，5.筛分，6.拣别，7.补火，8.官堆。兹逐项分述之。

1.晒青。将所采鲜叶，置日光下之竹帘上晒之，先须摊成薄层，继须频加翻转，俟叶片呈暗绿色，叶边呈褐色，叶柄呈绉纹柔软无弹力时为适度，不可太过，亦不可不及。太过则揉捻不易，发酵亦难；不及则液汁难出，而留有青涩味。如遇天雨，则摊于室内空气流通之竹帘上。惟所需时间，则较曝于日下者为长。

2.揉捻。生青晒至适度时，即行揉捻，使茶汁外流，成紧细之条。盖茶之细胞，经揉捻而破裂，胞内液汁外浸，俾沸水一泡即易出汁，香味亦浓。惟此间茶农，尚有以足揉之者，虽较手揉敏捷，有碍卫生，丞宜改良也。

3.发酵。将揉捻适度之茶，盛于木桶内，加力压紧，上覆以湿布，置日光下晒之。借天然之热力，而令其色泽变红，质味变厚。如遇天雨无日光利用时，多束手无策矣！

4.烘焙。普通多以日光干燥，约晒至五六成干，即行出售。

前述制茶手续，自晒青至发酵止，皆由园户自理。所谓毛茶是也。茶号购入园户毛茶，仍系潮茶，故须加以火力，令其干燥，谓之"打毛火"。不过烘至七八成干，可以保存其色泽香味，以待随时筛制。至筛分时，应再烘焙一次，名为"打老火"。老火之后，即行筛分。烘焙之法，系盛茶于焙笼上，焙笼以竹编成，形如折腰圆筒。笼内有一活动之烘顶，茶即置于顶上。其焙炉系掘地为穴，内置炭火，烘笼即置其上焙之。每隔二十分钟，将笼取下，置竹匾内以手翻拌一次。如在炉上翻动，茶末落于炉内，则燃烧生烟，而茶变枯焦之味。

5.筛分。毛茶经老火后，即行筛分，以整齐其形状。惟此项手续，至为繁难，兹先述茶筛之种类：

项别\筛号	筛眼大小/公厘	每方公分筛眼数/个
一号	11.0	64

篇号 \ 项别	筛眼大小/公厘	每方公分筛眼数/个
二号	10.0	81
三号	7.0	144
四号	6.0	225
五号	4.0	256
五号半	3.5	289
六号	3.0	361
六号半	2.5	400
七号	2.0	529
七号半	1.9	625
八号	1.8	784
八号半	1.7	900
九号	1.4	1225
十号	1.2	1936

该筛自五号至八号，均有正副两种，两种筛眼，相差无几，非技术精良者不易立办。如制茶五百箱，约需大小茶筛百余块。筛之出产地，分江西铅县山河口镇及本省之婺源县两处。河口帮茶工，多使用河口筛；婺源帮茶工，多使用婺源筛。两者价格，河口筛较婺源筛为廉；以坚实论，当推婺源筛为上。河口筛使用二三年后，筛网即松，不堪再用；而婺源筛可用八九年之久，且可修整复用。兹将两处茶筛价格，列表如后，以资参考。

河口筛与婺源筛价格比较表

筛别	河口价	婺源价	备注
一号			
二号	三〇分		
三号	三〇分	九〇分	
四号	四〇分	一元二〇分	
五号	四〇分	一元八〇分	
大五号	十四元〇〇分		即吊筛
六号	五〇分	二元四〇分	
大六号	十四元〇〇分	二元四〇分	即吊筛

筛别	河口价	婺源价	备注
七号	五〇分	三元〇〇分	
大七号	十四元〇〇分	三元〇〇分	即吊筛
八号	六〇分	三元六〇分	
九号	七〇分	四元二〇分	
十号	七〇分	四元八〇分	

附注：一、婺源筛以三号起码，且只有正号无副号。二、河口之一、二两号筛，筛眼甚大，普通以三号起。此处尚有铜板筛一种，筛眼极细，为筛灰之用，现时各号均以十号筛代之。

茶筛种类及价格，已如上述，兹再略言筛分之步骤如后。

（A）大茶间：即筛分毛茶为净茶之第一工场。

（B）下身间：即筛分第一工场之茶为净茶之第二工场。

（C）尾子间：即制作筛头筛底之茶为净茶之工场。

（A）大茶间。

1.毛茶到大茶间，用二号筛至十号筛筛之。二筛筛底交三筛，三筛筛底交四筛，其五、六、七、八、九、十筛，均仿此。三号筛筛面曰头号茶，四号筛过者曰二号茶，五号筛过者曰三号茶，六号筛过者曰四号茶，七号筛过者曰五号茶，七号半筛过者曰六号茶，八筛至十筛共九号茶。但三号以上茶，在大茶间用风车扇过，交捞头处抖筛。三号以下茶则无庸捞头，径送下身间过风车之簸飘之。

以上大茶间递筛筛出之筛底，即为花香。

2.捞头一律用六号半筛，用绳系筛于木条上，缓缓抖之。

（B）下身间。

1.捞过之六号半筛底茶一律送下身间。先用二号半筛，捞枝梗于筛面，复将筛底茶再筛之，其筛面曰头号茶；二号半筛底茶，用三号筛筛之，其筛面曰二号茶；四号筛之，则曰三号茶；五号筛之，则曰四号茶；以次筛至九号茶为止。

2.三号以上茶，用风车扇过，再簸之，又用六号筛轻轻飘之，然后发拣。三号以下茶上扇用簸或用飘，无庸发拣。

3.三号以上茶，发工拣净后，用七号筛抖过，再用二号半筛平平筛过，以整齐之，再用风车扇净。

（C）尾子间。

1.大茶间之筛底茶，以及风车扇出之轻片、破叶、黄片，抖出之头，下身间之筛底茶，以及风车扇出之轻片、破叶，簸出飘出之轻片、破叶，皆归尾子间重制。

2.凡轻片、破叶，则盛于布袋或竹匾内，用力打碎，用风车扇飘之。抖出之头，则盛于布袋，向石上打碎，用七号筛筛之。筛不下者，再打再筛，再扇再飘。

3.尾子间，大茶至三茶，系簸头制成，尚须发拣；四茶则不拣；五茶至十茶则由簸头风车取出不拣。

以上（A）项制成之九号茶，（B）项制成之九号茶，（C）项制成之尾子茶，皆须清风一次。清风后复打补火和大堆装箱，曰箱茶。其余不能制成茶者，曰茶末，曰茶梗。

上项茶工，江西宁州工人。较江西铅山县与本省婺源县工人为佳。每当茶季之前，有总包头向各号接洽，所有工人由其经手代雇，每名每季工资伙食约二十四元。工人分上手、中手、下手三等，工资随之而异。每季工作时间，自开工起至收工止，约四五十日。总包头因全体工人由其总包，有进退工人之权。对资方，则工人不分等级，概以二十四元论，其中颇有利润。如下手，每季不过十元，中饱尤多，资方不能过问。甚有一包头而总揽数家，彼不过巡回照料，其收入尤巨。普通于订立合同之前，常载明上手须若干人，以资限制。伙食自开工至收庄时，无论开工与否，概由资方供给。如每逢开筛日、官堆日、装箱日、出箱日，均须犒以酒肉。平时不过一菜一汤，果腹足已。至每一茶号，究须工人若干，当视箱额多寡而定。通扯以每工可做十箱为标准，若欲求速，当须加工赶制也。

6.拣别。此项工作，概用女工，多系包工制。每名每季工资约七元，供给伙食，为时约三星期，以婺源、休宁二县居多。在工作时，由看拣工头发给茶叶一箩，计十斤左右，须视茶之等级而异。拣完时，随时添加，统在拣板上拣别。全厂工人，均编有号码，另附拣别证一张，注明茶之等级与分量及其姓名。依次就坐，不得紊乱。随时由看拣工头在场巡视，如认为合格者，即在拣别证上盖一戳记，凭证送还发拣处；其不及格者，仍须复拣。工头在每工上抽收佣金，大概每一女工，常带女童工一名，工资亦受平等待遇，非如此则甚难招雇也。

7.补火。茶经老火之后，在筛拣时难免有潮湿侵入，故于装箱时，须再烘焙一次，名为"补火"。其法，将茶置小口布袋内，每袋约五斤，置烘笼上烘之。每隔三四分钟，将袋提起振荡一次，以烘至茶呈灰白色，如晓日未出、天空发白之色为最适度。

8.官堆。将各号筛分之茶，通共堆于官堆场，作一方形数尺高之大堆，以木耙向外方之侧，徐徐梳耙，使其混合流下。另以软箩盛之，并称其分量，估计箱数，名为"小堆"。在小堆之外，复有"大堆"，其手续复如前法，作第二次之拼堆。是则所有各号之茶无粗细不匀之弊，庶可装箱发卖矣。

十、装潢

············

十一、制茶成本

茶号制茶经费，如材料之购入，制工之工资，借款之利息，运售之费用，管理之开支等，至为繁琐。为研究减轻茶商负担，发展对外贸易起见，对于制造成本，不能不详加注意。兹列举之，俾知盈亏情形，以为筹画减轻成本而利外销方案之根据也。

1.毛茶山价费。去年山价极高，为历来所未有，最高者每担一百零八元，二字茶七十五元。加以湿气太重，制成干茶仅四五折，故头字茶每箱四十五斤左右，合洋一百一十元。

2.本庄开支费。以制茶五百箱而论，需用职员三十人，约薪金七百元（其薪金最高者为管号，其次为看火，均包括在内），伙食约洋二百四十元，杂役八人，工资约洋六十四元，伙食约洋四十元（伙食均以四十天计算），每箱合洋二元一角。

3.子庄开支费。司账者一人，薪金约二十元，司秤者一人，薪金约三十元，伙食共十六元（伙食均以二十天计算）。房租每收茶一担，提洋三角，不足百担，每季以三十元计，杂支约二十元，每箱合洋一元一角六分。

按：子庄各茶号派出各乡镇收买毛茶之机关，大概每号至少须有子庄三处，盖以近年抢买之风盛行，非如此不能有大批之购入，故以上子庄费，每箱合洋三元四角八分。

4.房租器具及用炭费。如制茶五百箱，每季房租三百元（即自有房屋亦照提租金），又器具修理及折旧费约洋一百五十元（若系初创，尚不止此数，此系指老号而言）。又用炭三百担，约洋三百五十元，每箱合洋一元六角。

5.制茶工资费。制茶五百箱，约用茶工五十二人（计烘间六名，下身间六名，尾子间五名，看拣五名，打头子二名，毛茶风扇间四名，复捞二名，打杂一名，司厨一名，筛毛茶十二名，复筛八名）。每名每季工资伙食约洋二十四元，合洋一千二百四十八元。又拣茶女工五十人，每人每季工资七元，另饭食四元，计洋五百五十元。两项合计，每箱合洋三元六角。

6.装箱费。（1）铅罐五百个，连铅价、锡价、工价一并在内，并裱糊铅罐内外表芯纸、毛边纸等，共洋一千六百元，每罐合洋三元六角。（2）木箱五百个，连运费、铁钉、花纸在内，约洋四百元，每箱合洋八角。以上两费，每箱共计合洋四元。

7.税捐费。祁门茶类营业税，每引约洋一元二角，姑塘常关税，每引约洋二元，以前上海关税，每引洋二元二角，每箱合洋二元七角，但现已减免。

8.转运费。由祁门至饶州，每箱六角；由饶州至九江，每箱五角；由九江至上海，每箱一元一角，每箱合洋二元二角。

9.洋行及茶栈用费。

洋行费	保安	思恭堂贫病院
电报费	栈租(每月每箱二分)	修租(每箱两角)
验关费	码头浚浦捐	花香保税费
上下力	商务律师	栈用(九八)
压磅(每箱一磅)	钉裱出店	打藤
保险(每千两每月二分)	水客伙食(每日四角)	补办
样茶(每字一二箱不等)	公会	力驳堆折
叨佣	印花	检验费
茶楼磅费	输迄力	祁门同乡会
警商	公磅	洋行息(九九五扣息)

以上洋行及茶栈用费通扯每箱合洋十元。

10.贷金利息费。如向茶栈贷款四万元，纳三个月，利息洋一千八百元，每箱合洋三元六角。

11.附加各捐费。附加各捐，名目繁多，如教育捐、茶商公会捐、防务捐、公安捐、慈善捐、同乡会捐及其他临时特捐等，每箱约合洋五元。

12.杂支费。如灯油、烛火、邮电、笔墨、纸簿等一切杂支，约洋五百元，每箱合洋一元。

以上各项费用，共三十九元二角八分，及成本一百一十元，计每箱一百四十九元二角八分，每担计洋二百九十八元五角六分。但此项计算，系以五百箱而论。如不及此数，则使费更大，盖以多制箱额为最经济也。兹将上述各种费用，列一总表如下。

每担箱茶制造费调查表

	元　分
毛茶山价费	二二〇〇〇
本庄开支费	四二〇
子庄开支费	六九六
房租器具用炭费	三二〇
制茶工资费	七二〇
装箱费	八〇〇
税捐费	五四〇
转运费	四四〇
洋行及茶栈用费	二〇〇〇
贷金利息费	七二〇
附加各捐费	一〇〇〇
杂支费	二〇〇
合计	二九八五六

附注：一、上项毛茶山价，系去年（念一年）售价计算。二、上项详细费用，见上制茶成本各条之内，概以箱计。此以担计，即按每箱加倍计算，因一担恰为两箱也。三、本年毛茶山价约为去年之六折，亦达一百三十二元，合计亦当在二百元左右。

十二、茶商集资方法

祁门茶商资本，大半临时股集而成，其有实在资本，无容集资者，仅吉善长、恒信昌一二家，多则五万元，少则三万元。普通资本出于自筹之数，不过占三分之一，其余之大多数，均向上海及九江茶栈借贷而来。借用某栈之款，其制出成品，即归某栈代售。近年各茶号筹集之数，往往仅够开支杂费即已足矣。查茶号借用茶栈放款，季清时代，向以箱额支配，每箱五两，多不得过十两，且须俟茶号箱茶开运时，方可给付。近十数年来，百物腾贵，栈方放款均各从宽。而沪上茶号以贪多为竞争，诱接号客，打破以箱额为标准之旧例。在栈方除坐得一元每天五毫之利息，及九分八厘之栈用，及其他种种之利益外，复享受操纵售茶之特权。放款便易获利，优厚无有出其右者。故每当茶季之先，即派员前来放汇。先送票于各号，藉以约定，竞争既烈，近益加滥。只求得有茶号承受，不复计其资本之厚薄，及信誉之优劣矣。如公慎祥、新隆泰、万和隆等栈，均因滥放亏折，而致倒闭。兹将近年沪浔两方放汇茶栈，列表如下。

栈名	地址	经理姓名	帮别	备考
忠信昌	沪浔	陈翊周 曾以琼	广帮	
洪源永	沪浔	洪味三 汪次培	徽帮	
源丰润	沪浔	郑鉴源 余伯良	徽帮	
永兴隆	沪浔	宁慎安 丁继相	徽广合帮	
仁德永	沪浔	汪礼斋 金子农	徽帮	
慎源	沪浔	孙子莆 江怀钦	徽广合帮	
公升永	沪浔	彭志平 金子农	徽广合帮	

按：浔栈系上海各该栈之分栈，专办接收货物报关、代运等事宜。

十三、茶号

祁门茶号，最近三载，与年俱增。在十九年，全县凡九十余家；二十年增至一百十四家；二十一年竟增至一百八十二家，视十九年骤增一倍。兹将二十一年份红茶、安茶各号，分别列表如下。

（A）民国二十一年份祁门红茶号一览表

牌号	经理	地址
吉善长	洪季陶	城内
德丰隆	徐祝平	城内
共和春	廖则丞	城乡庄坑口
万寿春	邱达邦	城乡七里桥
大成茂	汪渭宾	西乡历口
济和春	汪济澜	西乡历口
隆茂昌	许锡之	西乡历口
聚和昌	汪仲依	西乡历口
恒慎和	倪道裕	西乡历口
汪鼎新	汪维芬	西乡历口

牌号	经理	地址
政和祥	陈纯修	西乡闪里
洪馨永	陈馨园	西乡闪里
同德祥	陈作英	西乡闪里
人和春	王笠农	西乡城内
张泰昌	方子振	城内
三益祥	胡仰行	城乡庄坑口
志成祥	汪渭宾	西乡历口
亿同昌	汪维英	西乡历口
共和昌	汪锡初	西乡历口
同德昌	汪维英	西乡历口
恒新昌	吴仰峰	西乡历口
同万隆	汪德彰	西乡历口
久彰	冯朝升	西乡历口
恒信昌	忠信昌	西乡闪里
恒德祥	汪维新	西乡闪里
恒馨祥	陈楚材	西乡闪里
同馨昌	陈仲文	西乡闪里
王正兴	汪国栋	西乡闪里
裕春	王鹤琴	西乡高塘
公馨	王凤予	西乡高塘
同人豫	王守南	西乡高塘
鸿利祥	吴海筹	西乡高塘
生生	倪畅予	西乡渚口
同福祥	方玉堂	西乡渚口
德昌祥	倪淑予	西乡渚口
益春祥	廖颂芳	西乡石门桥
正和祥	韩竞生	西乡石门桥
致远	汪遂初	西乡伦坑
怡兴祥	汪仲威	西乡伦坑
满运昌	王次山	西乡余坑口
永宏大	陈永明	西乡余坑口

牌号	经理	地址
公和瑞	陈树棠	西乡余坑口
同人和	王逊儒	西乡高塘
裕馨	王余三	西乡高塘
春祥	王鹤皋	西乡高塘
森源	陈干丞	西乡渚口
锦园春	汪德滋	西乡渚口
公和永	倪丽光	西乡渚口
益和祥	廖苑香	西乡石门桥
益顺祥	廖苑香	西乡石门桥
桂华春	汪绎清	西乡伦坑
裕泰丰	汪集荣	西乡新安洲
顺兴昌	程裕之	西乡新安洲
福兴	何正有	西乡余坑口
益善昌	王烈川	西乡余坑口
义聚盛	廖伯生	西乡小路口
聚德昌	汪绍周	西乡彭龙
裕昌祥	王伯棠	西乡箬坑
德泰和	陈淦臣	西乡文堂
共和祥	汪基谟	西乡石潭
恒茂昌	陈茂成	西乡西湾
怡同昌	汪旭如	西乡汪村
合兴隆	方明甫	西乡二都
善和祥	王凤腾	西乡栗木
同茂昌	郑子荣	西乡陈田坑
永兴昌	郑子卿	南乡溶口
同亿茂	章志行	南乡溶口
永和昌	胡志川	南乡贵溪
益和隆	廖颖生	西乡小路口
同和昌	汪鸿昌	西乡彭龙
乾元亨	汪仲甫	西乡箬坑
振庆生	郑德祥	西乡箬坑

牌号	经理	地址
保和祥	陈惠清	西乡文堂
恒吉昌	程履安	西乡环沙
永裕源	赵德元	西乡赵家
万顺祥	陈正修	西乡深都
新新	陈锡圭	西乡双河口
恒吉祥	吴烈辉	西乡赤岑
美兴旺	汪牧人	西乡历口
同新昌	李竹斋	南乡溶口
春元祥	陈左贤	南乡溶口
同茂昌	郑子荣	西乡陈田坑
永兴昌	郑子卿	南乡溶口
同亿茂	章志行	南乡溶口
永和昌	胡志川	南乡贵溪
益和隆	廖颖生	西乡小路口
同和昌	汪鸿昌	西乡彭龙
乾元亨	汪仲甫	西乡箬坑
振庆生	郑德祥	西乡箬坑
保和祥	陈惠清	西乡文堂
恒吉昌	程履安	西乡环沙
永裕源	赵德元	西乡赵家
万顺祥	陈正修	西乡深都
新新	陈锡圭	西乡双河口
恒吉祥	吴烈辉	西乡赤岑
美兴旺	汪牧人	西乡历口
同新昌	李竹斋	南乡溶口
春元祥	陈左贤	南乡溶口
日隆	胡翰斋	南乡贵溪
源利祥	胡爵臣	南乡贵溪
裕丰和	胡宗鲁	南乡贵溪
同春昌	康良纯	南乡塔坊
同大昌	谢步梯	南乡塔坊

牌号	经理	地址
谢仁记	谢元庆	南乡塔坊
日新	谢步梯	南乡塔坊
同善昌	章经五	南乡平里
树善	章伯行	南乡平里
同泰昌	谢桂芬	南乡舟溪
大成公	汪平恭	南乡查湾
隆裕昌	汪立行	南乡查湾
德厚长	陈子祯	南乡程村碣
永泰祥	戴肇臣	南乡程村碣
联大	谢步梯	南乡板桥山
顺和昌	廖子金	南乡板桥山
广成	胡登云	南乡板桥山
同春安	余厚培	南乡塔坊
公昌	谢步梯	南乡塔坊
公和隆	谢步梯	南乡塔坊
源丰永	章藻芹	南乡平里
同利昌	章履齐	南乡平里
德余	章君贶	南乡平里
鸿福记	谢元贵	南乡舟溪
竟成祥	汪素行	南乡查湾
同志祥	汪立川	南乡查湾
春馨	胡云霞	南乡程村碣
日利昌	章梅轩	南乡程村碣
恒大	谢凤鬶	南乡板桥山
元春祥	汪西渔	南乡芦溪
致中和	林谷荪	南乡虎跳石
萃华英	余思先	南乡王家
恒和祥	邱仰占	南乡汉口
日昌	谢步梯	南乡小岭脚
同大	谢步梯	南乡将军桥
同升昌	郑嗣邦	南乡奇岭口

牌号	经理	地址
振兴昌	郑维汉	南乡奇岭
复馨昌	郑子瑜	南乡漳村
同大昌	方燮卿	南乡唐源
龙元	余松涛	南乡龙源
景兴隆	李思甫	南乡景石
德和祥	胡云舫	南乡宋坑
瑞春祥	汪醒伯	南乡芦溪
恒德祥	叶鉴泉	南乡田源
春发祥	舒俊翘	南乡大痕
恒益祥	邱耀光	南乡汊口
胜昌隆	汪克甫	南乡店埠滩
同瑞昌	郑蔼瑞	南乡奇岭口
同大昌	郑云祥	南乡奇岭
永馨祥	胡武章	南乡八亩坦
震泰祥	郑伟臣	南乡清溪
同茂昌	李星岩	南乡唐源
同德祥	胡克昌	南乡圆头
诚信祥	康殿西	南乡碧桃村
以上红茶号计一百三十五家		

(B)民国二十一年份祁门安茶号一览表

牌号	经理	地址
孙义顺	汪日三	南乡店埠滩
新和顺	江启华	南乡店埠滩
向阳春	江伯华	南乡店埠滩
汪鸿顺	汪醒伯	南乡芦溪
汪锦春	汪锦行	南乡查湾
向阳春	胡凤廷	南乡溶口
李恒春	李竹斋	南乡溶口
胡季春	胡达明	南乡溶口
玉壶春	胡皎镜	南乡溶口
胡广生	舒瑞云	南乡溶口

历山春	胡绍虞	南乡溶口
玉德春	王佐卿	南乡严潭
王大昌	王立中	南乡严潭
胜春和	汪旭芬	南乡店埠滩
汪怡诚	汪礼和	南乡店埠滩
孙同顺	汪俊伦	南乡芦溪
汪赛春	汪西如	南乡芦溪
一枝春	汪素行	南乡查湾
胡占春	胡制周	南乡溶口
胡祥春	胡培本	南乡溶口
胡锦顺	胡肖昭	南乡溶口
胡元春	胡占开	南乡溶口
胡万春	胡建周	南乡溶口
胡义顺	胡守中	南乡溶口
王瑞春	王烈川	南乡严潭
李雅春	李思甫	南乡景石
李鼎升	李摘藻	南乡景石
廖仲春	廖子芳	西乡石门桥
廖雨春	廖子钧	西乡石门桥
汪永顺	汪润昌	西乡历口
济和春	汪济澜	西乡历口
王占春	王秀光	西乡历口
汪先春	王锡惠	西乡历口
同春和	王伯棠	西乡箬坑
方复泰	方柱丞	西乡何家坞
郑志春	郑志春	西乡奇岭
境春	郑达章	西乡奇岭
长春发	李龙章	南乡景石
胡永昌	胡志川	南乡贵溪
长兴昌	胡远芬	南乡贵溪
汪志春	汪渭宾	西乡历口
振铨春	王振文	西乡历口

许茂春	许锡兰	西乡历口
映华春	吴烈辉	西乡历口
锦江春	倪鉴吾	西乡渚口
康映春	康律声	南乡倒湖
郑霭春	郑霭瑞	西乡奇岭
以上安茶号计四十七家		

十四、运销情形

祁门茶叶，以前均在汉口销售。民九以后，汉口茶市衰落，红茶贸易中心，遂转移于上海。祁茶运出，先用小船（每船至多装六十箱，船价三十六元）由昌河经江西景德镇，运至饶州，每箱运费约六角；再改抚州大船，用小轮拖载，出鄱阳而达九江，小轮拖费每箱约需洋二角，抚船每箱三角，由江轮运至沪上，每箱约洋一元一角。以上运费，由祁至浔归茶号自理。由浔至沪，沿途报关手续，上下驳力，火轮运费，均归各放汇茶栈之九江分栈代办。俟茶售出时，由沪栈在售价内扣除。查轮费系以吨数计算，每吨十四元，十三箱为一吨，每箱连皮六十斤，共七百八十斤。茶栈向三公司总包，其中略有利润，即茶号如出三吨运费，栈方约有一吨运费之余利。

十五、税捐交纳

安徽茶税之在前清时代，原分皖北、皖南两总局。皖南总局设于屯溪，祁门仅设一分局。民国成立后，遂行分立。南茶以百斤为引，行销外省者每引征税洋二元二角五分。销行本省者，征税洋二元，洋庄者除皮按净货计，每引半税，征洋一元一角二分五厘。自裁厘后，本省复有变相茶厘之茶类营业税之设，照千分之五抽收，每引连皮征税一元一角，较之以前，仍属不相上下。再加本地之教育捐，茶商公会捐、防务捐、慈善捐、同乡会捐等，名目众多，此外尚有种种临时特捐，不一而足，实为推销最大之障碍！

十六、公会组织

茶商公会，设于县城，其组织采用委员制，会员选举会董四十二人，复由会董选执委五人，互推常委三人。现任常务为李西樵、倪丽光、廖伯常，并推倪丽光为主席。经费在出口茶箱上抽取，每箱四分。每年茶季前，召开会议一次，如有对外交涉，则代表接洽，沪市商情，则代为转递；同业争议，则调解息争。余则无所事，惟坐耗会费，供一二职员之开支。至于茶业整个之应兴应革事宜，则从未顾及。尚望及早自行觉悟，共谋自身福利也。兹将各会董姓名列表如下：

祁门县茶商公会会董姓名一览表

姓名	住址	姓名	住址	姓名	住址
洪季陶	城内	王逊儒	高塘	章藻芹	平里
郑子荣	陈田坑	陈楚材	闪里	谢振声	舟溪
王仲甫	箬坑	陈仰文	闪里	胡永霞	程村碣
王凤如	高塘	谢步梯	塔坊	汪景行	查湾
廖颂芳	石门桥	汪日三	店埠滩	汪松龄	新安洲
廖香苑	石门桥	胡绍唐	溶口	汪维英	历口
胡铭之	贵溪	李余三	溶口	汪济澜	历口
胡北斋	贵溪	方惠生	黄畲山	许锡之	历口
郑达和	奇口	汪仰行	庄坑口	汪渭宾	历口
郑嗣邦	奇口	倪育予	渚口	康良纯	漳村
郑旭华	奇岭	王余三	高塘	康殿西	倒湖
王笠农	城内	王伯棠	箬坑	胡克昌	闻头
倪丽光	渚口	陈缙臣	文堂	李思甫	景石
汪仲威	伦坑	汪锡惠	深都	汪礼和	芦溪

十七、茶业与教费之关系

祁门教育经费，极形支绌，每年约一万二千五百元。计县立完全小学二所，公立完全小学二所，私立完全小学三所，私立初级小学二十四所，其经费来源，以茶捐收入为大宗。其征收办法，如西南乡立小学，则于当地园户卖茶，每斤认茶捐二厘，并由各茶栈代收。红茶每箱洋一角五分，安茶每千（内计十条，每条五斤）洋一角二分五厘。惟各乡茶捐，概由地方自行征收，应本区学校之用。县教育局复收县捐一次，即红茶每箱、安茶每篓（计重五十各斤）收洋二分五厘，以供县教育经费之需。去年以茶价衰落，各号箱数亦少，教费直接受其影响，顿感短绌，各乡立小学遂提前放假，藉省开支。茶业之隆替，有关教育之兴废，可谓密切矣。是欲谋教育者，亦不可不别谋振兴茶业之道矣。兹将近两年教育机关征收茶捐概况，列表如下。

祁门教育机关征收茶捐概况表

捐别	茶别	收捐机关	代征机关	税率		年别	
				园户方面	河号方面	二十年份	二十一年份
县捐	红茶	教育局	各茶号		每箱二分五厘	一点五元	○点八元
县捐	安茶	教育局	各茶号		每篓二分五厘		○点一五元
乡捐	红茶	乡立小学	各茶号	每担二角	每箱一角五分	四点五元	三点五元
乡捐	安茶	乡立小学	各茶号	每担二角	每千一角二分五厘	三元	二点五元

按上列茶捐，至为复杂，且征收机关既不统一，捐率自难一律。各收各用，欲查其确数，极感困难。再，西南两乡防务捐，亦在茶叶上抽取，于园户方面，每百斤抽收一元；茶号方面，按照箱额每箱抽收一元六角。又县公安局系由每号认捐，分十元、八元、六元、四元，等级缴纳。

十八、去年亏折原因之探讨

查祁茶前岁售价，最高额达三百六十两，突破历来未有高价之记录。如舟溪之同泰昌，历口之志成祥，芦溪之元春祥、瑞春祥等号，莫不获利倍蓰。故去年茶号之纷起，几如雨后春笋，共有一百八十二家（二十年，一百十四家；十九年，九十九家）。三年之间，约增一倍。犹忆去春茶当萌蘗之时，天雨连朝，咸谓将来质地难求优美，可俟天时稍好再为收集。讵知久雨不晴，若再迟延，便成明日黄花，遂不计优劣，放价抢买，以求多量之购入。兼之各种制茶之物料，无不较曩昔昂贵，成本因之提高。运至沪上，洋商以前年亏本，不得不抑价以购。而卖方以成本不敷，不愿迁就；但以资本多系借贷而来，利重期迫，终亦期于速售，以求本利之周转，再事争持，则牺牲更大，只得贬价求沽。去岁最高者二百二十两，较前岁见低一百四十两，花香一项，亦较前岁见低二十两，故多亏累不堪。尽前年之盈余，尚不足以抵债。统计全县去年亏折，约五十四万六千元，此等数字，诚堪惊人。至其惨败原因，不胜缕述，兹择重要者约有下述四点：

1.成本昂贵：查去年祁茶，每担最低成本须三百元，而去年卖价，最高者只二百二十两，恰与成本相埒，固已无利可言。其幸而得此巨价者，究属有限。其次多为一百六七十两上下，以成本重而售价反低，不惟利不可期，并且本而失之！

2.销路逊退：因英国政府重征华茶进口税，每磅征四便士，以目下先令计算，每担合华银二十五两之谱，与原有税率合并计之，即每担华茶须付税银五十两之巨。而印锡茶进口，只加征二便士，待遇如是不平，宜乎销路之疲滞也！

3.茶号骤增：茶栈滥放借款，使凡薄有资本者，以为有人贷款，何妨一试，而茶号因之骤增矣。园户以茶号加多必有大利，遂以奇货可居，争求善价。在茶号不必自出资本，亦不惜放盘抢买，终至成本加高，亏折亦愈大。

4.洋商操纵：华茶贸易，不能直接运销，全由洋商任意操纵。前年略微放价，少予茶商有利。去年箱茶欢欣鼓舞，闻风兴起，待出货一旺，则又骤抑其价。证之历来盈亏之数，丝毫不爽；而我业茶商人不审供求之理，知进而不知退，一升一降，遂形成近来起仆不定之局。

十九、今后改进途径

祁门茶叶，以地利之胜，品质之优，一向驰名中外，占市场重要之地位，具如上述。然至近年，有如此之惨败，几将一蹶而不可复振者，除上述之种种近因而外，尤有重大之远因，为根本致命之伤。撮其要者，如茶农方面只知墨守旧法，栽培既不周密，制造又甚粗放。而于选种、施肥、中耕、整枝、采摘、防害诸法，绝少从事研究与改良。故生产日形减缩，品质日趋退化。近以茶价不振，遂益粗制滥造，以期减轻成本。甚且利茶之潮湿，而图分量加重。不计品质优进，任茶园荒芜而不加管理；且夹种有损茶树发育及耗失地力之间作，冀收益之增多，直视茶为副业之副业。甚有废弃茶树，改种他物者。至茶商方面，目光短浅，各自为政，只在茶价苛求。而乏原料上制造之研究，贩卖技术上之竞争，徒互相猜忌，无诚意之合作思想。运销方面，向例不能与外人直接谈判，中间经茶栈盘剥，洋行抑勒，所谓出口仅销于旅华外商，未能直接输出。纵令华茶每年产额全数销尽，亦不过以土货奉于旅华外商，售价虽高，仍为中间商人所中饱，于茶农所获正复有限。如不及早设法挽救，不知伊于胡底。兹就调查所及，略述改进意见如次：

今后改进原则：

（A）栽培科学化，以增加生产；

（B）制造机械化，以减轻成本；

（C）贩卖合作化，以革除商人中饱。

（甲）属于植茶方面者。

1.幼芽采摘。园户以茶价低落，买方难出高价，每将茶芽养至数寸，始行采摘，迟采之习，由此养成。今后应视天时寒暖及茶芽深度，规定开采日期，市价则应予提高，以资奖进。

2.厉行剪枝。此间茶树，多有数十之老树，从未加以整理，故高低错杂，枝叶散漫，衰弱几无生气。今后应劝令园户施以合法整枝，不仅生产增多，品质改进，且由剪枝而使树形平均发达，采摘时可以利用铗摘，每日较旧法采摘，可增加数倍。则目下因采工之缺少增高极多成本之问题，亦可同时解决矣。

（乙）属于制茶方面者。

1.使用机器揉捻。园户制茶，概用手工，甚且以足揉捻，既不卫生，又损品质，不失于叶多破碎，即有卷揉不紧之弊，徒为外人诋毁藉口。今后应改用轻便揉捻机，以事制茶。查新式揉捻机，价廉适用，只须以手力摇转，每户可购一部或合数户共购一部。处今机器制造盛行时代，全部齐购，力多未能。但于最重要而又费力独多之揉捻部分，实有急待改用机器揉捻之必要。虽一时费数十元之代价，可为永久之财产，似属轻而易举；庶制造成本可以减轻，成品亦可得善价而沽，又何乐而不为耶？

2.提倡改良制造。查此间红茶制造，多赖日光热力，设遇阴雨则束手无策，只得停止工作。利用日光为萎凋、发酵及干燥，色香均弱，实为制造中国红茶之重大问题。欲求解决，应采用印度、锡兰之室内制造，藉用人力以代天然，不但品质得以改进，过去及现状之受天时所制限之痛苦亦可避免矣。

（丙）属于贩卖方面者。

1.组织产销合作社。茶农受商人之剥削，茶商又耗各项之靡费，祁茶出路，实受重大之打击！今后宜设法劝令茶农，组织合作社，作共同购入、制造、贩卖之工作，群策群力，共谋普行，即茶商亦不必各立门户徒增消耗。各茶商应集中资本，互相联合，制成之品，可直接贩运出洋，以免洋行辗转操纵剥削之弊。即退一步论，不能直运出洋，可直接卖与旅华外商，亦可免去局部的茶栈盘剥及种种用费，以其权操在我，可以任情交易矣。

2.划一衡制暨取缔潮茶。衡制与潮茶，颇有关系。祁门衡制，极不一律，常随交易物而有别。一县之中，各地互异。茶秤普通常以库平二十二两为斤者，外加九八扣样，即百斤扣样二斤。在茶商以大秤购入，求减折耗，复抑价苛求，图低成本。而园户以茶商奸刁，常以潮茶出应，藉资抵制。品质日趋恶劣，双方均受影响。今后宜采用新式划一衡器及规定适当干度标准，以革夙弊！

3.改善包装方法。查祁门所用木箱，殊欠坚固，且嫌粗劣，有碍搬运。箱板厚只二分，辗转搬运时每每破裂，未至沪上，即行损坏，又须打藤订铱、修箱诸费。且一经湿气渗入，色香味俱受影响，则损失更大。今后宜改用坚固木箱，复用铅条包扎，以利运输。

以上所述，记其大概而已。此外如在安庆设立税关，以免祁茶之绕越九江；免除种种苛捐，藉以减低成本等，均属切要之务。本篇为调查性质，故只略述概要，详细改革方针，当俟以后再行续陈也。

安徽省立茶业改良场：《祁门之茶业》，中国纺织印务有限公司1933年版

电令祁门茶税局休宁茶号在祁门收买毛茶应由祁局征税由第九十四号

六月廿一日

祁门茶类营业税局金局长览：案据休宁茶业工会元代电称以屯溪永华公茶号函称厚昌茶行系受敝号委托，购办毛茶来屯制造出洋箱茶，并非该行自备资本贩买贩卖，且称毛茶一项，自前清迄今均免缴税，转请令饬该局毋得违章征收等情。到厅卷查该局长前次电称厚昌茶行抗不缴税等情，曾于江日电令该局长会同祁门余县长查明饬令照章缴纳，并于寒日代电休祁两局及两县茶公会明白解释，凡毛茶在产地供制箱茶者，只征箱茶，如设庄收买毛茶贩运出境，而不制箱茶者，则照章程第四条办理在案。兹据电称休境茶号委托祁境茶行收买毛茶，是与第四条收买业性质相同，除分电外，合行电仰该局长查照定章办理。财政厅长毛敬印。

《安徽财政公报》1933年第21期

财政部批关字第三四四二号

二十二年九月二十九日

批上海市商会

代电一件：祁门茶业公会函诉上海洋庄茶业公会不遵用新制衡器，茶商受亏不支，请令行全国海关，一律改用新制衡器由。

电呈已悉。关于海关改用新制度量衡一事，本部已令限期筹备，定于二十三年二月一日起，全国海关，一律实行。仰即转行知照。

此批。

《财政日刊》1933 年第 1675 期

实业部指令农字第二五九九号

令安徽省建设厅

呈一件：呈送祁门茶业调查报告请鉴核查考由。

呈件均悉：查所送省立茶业改良场祁门县茶业调查报告，尚属详晰，准予存查。惟祁门茶业近年凋敝不堪，亟待救济。仍仰转饬该场就近妥筹具体办法，切实进行，并将办理情形随时报核为要。此令。

中华民国二十二年七月四日

部长陈公博

《实业公报》1933 年第 131—132 期合刊

试验茶树种，取消毛茶税

（祁门通讯）祁门红茶，本为天赋特产，民生所倚，惟茶树种类由来复杂，制成茶后之色味香诸端，亦难尽纯美，是为年来红茶失败一大原因。省立茶业改良场自吴觉农接办以来，力求研究，积极改良发酵、萎凋外，间又选得茶树种类十五种，分系试验，以察其生长与质味状况。刻并呈请主管官厅转请外交部，分饬印锡各领事，征集印锡茶种，转发该场，以备试种云。

《新安月刊》1933 年第 1 卷第 7 期

徽茶的讨论

胡浩川

徽茶之失败原因在成本过重，成本之所以致重之故有四点。徽州红茶，冠绝天下，其不能与印度、锡兰红茶竞争者，唯一原因，由于价格之太昂耳。价格之昂，则因成本过巨。红茶之成本所以致巨者有四。

（1）采制拙劣。毛茶一担，花香末子，往往达有百分之三十，梗子达百分之六点七，茶子（乳花）百分之二左右，而屯溪绿茶，所有副品，不过百分之十几而已，即此一端，损失何似？

（2）开支太大。祁门一九三一年有茶号一百八十二家，制茶总额三万箱。平均一家制茶一百六十五箱，合八十二担耳。以视屯溪绿茶制造，多者八九千箱，少者亦有千箱，相去何如？规模如是小，一切开支则应有尽有。

（3）耗费太多。规模狭小，浪费徒耗无论矣。此外，运销之不经济，茶栈更从中尽□剥削——种种名目不下三十，为数须十五六元。如每茶一批，样品至少一箱；每茶百磅，吃磅要三磅左右。即以每磅一元计，一箱样品计重六十磅，即六十元。吃磅要百分之三，即三元，通常一批不过五十箱，五十箱之总价，作为六千五百元，样品之耗费即须二百一十元。此种损失，已超过价值百分之四，统计受茶栈之侵蚀以去者，实占茶价百分之二十以上也。

（4）组织无力。屯溪绿茶，本年营业税每担三角，屯溪茶业公会犹不承认，祁门茶叶本年营业税每担六角，而祁门茶叶公会无力与争。

以上四则，有一于此，足致祁门红茶日就失败而有余。以故祁门红茶，在生产地未起运之成价，已较锡兰红茶到达英国伦敦之价为高——况由上海转运前往英伦耶？此为上海锦隆洋行报告，至为确实。伦敦为红茶之最大市场，我国产品售价最低为三先令一磅，印锡则二先令为最高。价格悬殊如此，自不能畅其销售矣。……

茶市与匪警

白　民

婺、祁两邑连月迭传匪警，而尤以婺源上坦损失为巨。匪众来去自由，所谓追击，殆等欢送而已！宁能俘一匪获一贼哉！

…………

茶市为吾徽农村一大收成。当新叶登场时，茶贩麇集，皆身怀重资，尤为匪人所瞩目。最近之祁邑四郊多垒，匪氛倏起者多以此，而婺源上坦案，闻亦为孙姓家藏收茶现款故。犹忆当年……屯溪之浩劫，正亦茶市盛时，非无因也。

盖茶市固为徽人养命之源泉，然亦为□盗之媒介，茶市与匪盗警之关系有如此者。此时负有治安责任之当局，最应随地加防，因此，一时期之重要性殊不下于冬防期间也。当局者其趋吾言乎？

《新安月刊》1933年第1卷第9期

批原具呈人祁门安茶号郑三益经理郑旭华等呈为请求
豁免安茶营业税或照二十元以下成本征收由
第五八八号
十月十九日

呈悉：查茶类营业税，照章系按资本额征千分之十，该商等所称安茶销售不旺，成本较低，准据情令行祁门茶类营业税局，确遵定章核实公平估价征收，所请免征之处，应毋庸议。此批。

《安徽财政公报》1933年第25期

改进安徽茶业之管见

傅宏镇

本篇系本场技术员傅君旧作，所述颇多肯綮，堪为本省改进茶业之参考。至本场详细计划及改进方案，现正在拟议中，不久当可脱稿。爰将傅君所作，先为发表于此。

一、绪言

茶为吾皖之特产，国计民生，所关甚巨，产量之富，甲于全国。宜茶之区，遍于各地：黄山山脉，盘互之地，如旧徽州府属六县及宁池两府所属各县，南茶出产之地也；北茶出产于旧六安州属一州二县及毗连之太湖等县，系霍山山脉盘互之处。因地理上之关系，故有南北之分。论茶味，则北清而南厚。论产量，则南多而北少。南茶则有本庄、洋庄之分：本庄为专制青茶，销于本省及江浙等处；洋庄则为红绿茶，行销欧美各邦。北茶则专销直鲁豫陕甘一带，无作洋庄者。

茶为我国对外贸易之大宗，原占国际市场之第一位。近三十年来，印度、锡兰、爪哇、日本之茶，继长增高，华茶逐有一落千丈之势，推求其故，皆栽培不善，制造不精，奸商作伪，运输阻滞，奖励无方，捐税苛繁，提倡不力之咎也。我维故步自封，人则新机顿辟，揆于天演公例，几何不落人后乎？以言贸易，则纯系间接，不能自运出口，与外商直接买卖，完全受人操纵；复不能改良种制，故产品出口，无以争胜。然华茶香味之佳，得天地之气，远在日印诸茶之上，欧美上流社会，每嗜华茶，惜不能直接贸易，故销路无由扩张，尤不足以杜驻华外商操纵之术。当局有鉴及此，曾先后于休宁创办茶业学校，祁门秋浦（现改至德）霍山设立茶业试验场，一面研究学理，一面示范种制。不惟于改良茶业之前途，立其大本，且于推广茶业之将来，植其始基焉。

二、安徽茶业衰退之原因

1.品种不良。我国茶农，对于选种，漫不注意，因此多数品种，均属不良。

2.栽培粗放。一般茶农，于播种、中耕、除草、整枝、施肥、防害管理诸端，概属粗放。

3.制造简陋。如绿茶着色，红茶以足搓揉，不能利用机械，多属粗制滥造。

有以上之缺点，宜乎生产量逐渐减少，品质亦日趋恶劣。虽有指导机关之设立，然迄今茶业仍未见有若何进步者，追厥原因，有下列两点：

1.质的方面。各场限于经费，设备不完，不能实行利用机械生产，以减低成本，而转移民众观感。

2.量的方面。各场虽经设置，但因政局不定，朝办夕停，不能继续推进；况现时仅有祁门一所，尤不敷推广，难期改进。

三、振兴步骤

1.充实祁门茶场经费设备，恢复秋浦茶场，以求推广之普及；

2.利用科学方法，改良栽培，以求生产之增多；

3.采用机械制造，以求茶价之低廉，促进品质之向上。

四、改造办法

(甲)充实祁门茶场经济设备

查该场前系农商部于民国五年创立，面积辽阔，规模甚宏。追至十七年，始收归省有，改为省立第一茶业试验场，未及一年，又告停顿；场屋茶株，颇多荒废，去年始又恢复。惟以经费困难之故，对于各种设备，未能周详，仅致力于整理茶园及栽培试验而已。至于制造方面，因无款购置新式机械，仍以人工制造，仅稍稍参用新法耳。在部办时期，虽曾购有一二部机器，但既嫌备而不全，且年多损坏，已不堪应用矣。目前亟应充实设备，采办机械，扩大组织，方能负全省茶业改良之责。

(乙)恢复秋浦茶场

查本省茶场，原有三所：一在祁门，一在秋浦，一在霍山。除祁门一所，现正办理不计外，秋浦、霍山两场，均于十八年冬停办。考其成绩，各有相当之供献。以茶业在本省之重要，应从速恢复，俾便推广。现霍山茶场因……一时不易恢复，可将成绩较佳、基础较固之秋浦茶场，先行恢复，庶使数年来之经营试验，得以继续发展。兹将恢复理由数条，略述于次：

1.以事业论。夫改良茶业之进行，责在普遍以吾皖茶业之重要，仅祁门一所，似觉偏枯，此其一。

2.以基础论。该场设立于民国十二年，建有新式场屋数十间，已植山场一百六十五亩，茶丛二万余株，基础已固，此其二。

3.以地质论。该地与英领印度之大吉岭阿萨姆相同纬度，故出品与祁门浮梁建德（即秋浦旧名）三者，同驰誉于世界，此其三。

4.以产量论。全县产量为一万三千余石，占本省产茶最重要部位，此其四。

5.以交通论。秋浦位于长江中枢，水陆两运均便，东毗贵池石埭，南接江西浮梁鄱阳，西连江西彭泽及本省东流，北达省会，颇利推广，此其五。

该场成立，虽历有年所，中经数度改组，亦仅于品种试验方面，从事改良。于制造方面，因时间与经费关系，未及采购机械。十八年停办后，即招佃租种，每年不过收取六十元之租金，且近年该佃户以生产费太高，无余利可图，遂无力经营，任其荒芜，长此以往，恐固有基础，亦必渐就破坏，殊觉可惜！为振兴本省茶业计，似应早日恢复，并添制新式机械，以谋产品之改良与推广也。

（丙）新式制茶机之购置

考我国制茶，纯用手工；印度锡兰，则全用机械；日本则有半机械制及纯机械制两种。我国沿用旧法，于手术既为笨拙，生产费亦甚高。值兹商战激烈时期，焉得不见摈于世界茶业市场？但以华茶天惠美质，若再采用机械制造，与后起之产茶国竞争，诚不难以回复我固有之地位也。查本省各茶场，虽成立有年，然于此种制造机械，尚付阙如，及简单廉之望月式手用揉捻机，亦未采用，不无遗憾！现为改进计，为增加工作效率计，拟添购新式机械如下：

a.寺田式蒸菁机。

b.桥本式叶打粗揉机。

c.望月式揉捻机。

d.寺田式精揉机。

e.松本式再干机。

f.石油发动机。

以上各件，为制绿茶必备之品。不独节省时间，与减降成本，并可保全茶之品质，使其形、状、水、色、香、味、色泽、茶力均臻优美。

（丁）新式制茶间之设计

购办大批制茶之机械，非普通之制茶间所能设备。须添设之新式制茶间，约可分为引擎室、萎凋室、蒸菁室、揉捻室、精揉室、再干室、筛别室、拣别室、风扇室、储藏室、审茶室、装箱、装潢室等。以上各部，于管理上作业上均有关系，须事前详为规划，以求妥善也。

（戊）租赁茶园之救济

查各场地亩，均不甚多，除经济区外，仅用作试验与苗圃之用。若购办大宗机械，出品自必迅速，需用多量茶菁，若仅恃本场出品，决不敷用；而民间普通茶菁，又不适用，盖茶农希图量重，常养至三四寸连茎带梗，一同摘下，至质之精粗，则不暇顾及——在此时期，惟有一面租赁民间茶园，代加整理，自行采摘，以收近功；一面以高价收卖嫩菁，示以提倡，久之必相率改良矣。

（己）植茶试验区与经济区之分划

当划分场地面积十分之三为试验区，十分之六为经济区，十分之一为苗圃，盖为求进益及免除试验上之种种消费计也。

（庚）采种区之设立

茶种之强弱，于茶树之健康，至有关系。普通茶树，因每年摘叶之消耗，种子受其影响，此采种区之亟宜设备也。可先择发育良好之茶，划作采种区，不摘其叶，并剪去弱枝，再给以磷酸肥料，以期种子肥大，专备每年采种之用；并须有避免他花受粉之设备，求其种子纯粹，以供各方推广。

（辛）隙地夹种副产物之利用

全场之山地，间有不适于种茶者，及种茶之间，适于夹种豆科植物，其他不妨碍茶发育之作物，亦可酌量利用。总期试验经济两有裨益，藉减生产成本，增多收益也。

（壬）茶业技术员之养成

茶之种制，不仅偏重劳力，尤贵有相当之技术。兹为推广茶业技术起见，拟设茶业技术员养成所，招收各地有志茶业者，授以茶业课程，加以切实训练，以养成专门技术人员，以备将来推广茶业之用。

（癸）优良种苗之分让

各场所育成之优良种苗，除供本场自用外，应无代价分散民间，或廉价出售，以资提倡，而利推广。

五、实施计划

（甲）品种改良计划

欲求优良之制品，必须有优良之品种。查我国茶之栽培，年代悠远，范围又广，种类繁杂，各有其固有之特性。其间固不乏良种，但以栽培与管理之粗放，往往同一面积，发芽有迟早，产量有多寡，品质有优劣，其抵抗病虫害之力，亦有强弱。如此之品种，故日趋恶劣，产量品质，俱受影响。欲免此弊，惟有施行科学育种方法，分离系统；或采集国外优良品种，施行杂交方法，联合两品种之优点，而淘汰其劣点，另为育成一新品种；或直接繁殖。总期达到下列各项之目的而后已：

1.产量丰富；

2.品质优良；

3.出芽力齐整；

4.能抵抗病虫及适应环境。

其关于品种改良，兹分两方进行：

（A）征集国内优良茶种，分级比较，栽培试验之。如浙江之龙井种、平水种、遂安种，福建之武夷种、光泽种、铁观音种、铁罗汉种，江西之修水种、浮梁种、武宁种，湖南之安化种、平江种、长沙种，湖北之阳新种、鹤峰种，云南之普洱种，本省之婺源种、祁门种、霍山种、太平种等，当广为征集，比较栽培试验之。

（B）采购国外各地优良茶种，以供改良我国退化弱质品种。如印度之雷克显拔种、老哥达种、米尔赫特种、爪哇之井里汶种、八寿鲁安种、满油马士种，日本之静冈种、福冈种、乎在种，锡兰之哥伦埠种等，各名产地茶种，均系由我国输入，经数十年之科学研究，育成统一而纯系之品种。为改良我国退化弱种计，亟应将此项品种，采购而繁殖之，以期早见功效，而利推广，并可免去试验研究期间之浪费也。

(乙)栽培试验计划

1.各名产地茶种试验；

2.播种粒数试验；

3.播种深浅试验；

4.播种时期试验；

5.播种距离疏密试验；

6.移栽法试验；

7.移栽时期试验；

8.移栽本数试验；

9.肥料试验；

10.窒素肥料用量试验；

11.施肥次数试验；

12.中耕次数试验；

13.土壤试验；

14.繁殖法试验；

15.压条繁殖试验；

16.插枝繁殖试验；

17.接木繁殖试验；

18.摘花试验；

19.整枝法试验；

20.整枝时间试验。

其他如覆盖下之栽培、色玻璃处盖下之栽培、紫外光照射之栽培，系日本栽培之新法，为学术之研究计，亦应酌量试验之。

(丙)制造试验计划

1.手工摘与机器摘之比较试验；

2.手工制与半机械制及纯机械制三种之比较试验；

3.手工揉与机械揉之比较试验；

4.中外各制茶法之比较试验；

5.红茶日干萎凋与阴干萎凋之比较试验；

6.绿茶蒸菁与炒菁之比较试验；

7.砖茶铁机制与木机制之比较试验；

8.红茶气干试验；

9.红茶酸酵试验；

10.红绿茶干燥试验；

11.红绿茶筛分试验；

12.日本式剪茶制法试验；

13.日本式玉露茶制法试验；

14.日本式碾茶制法试验；

15.日本式番茶制法试验。

（丁）推广计划

（A）调查事项：

1.栽培及制造法之调查；

2.产地及产量之调查；

3.茶行之调查；

4.茶税额及运输方法之调查；

5.贩卖法及销路之调查；

6.茶农经济状况之调查；

7.施用肥料之调查；

8.包装法之调查；

9.防治病虫害之调查。

（B）指导事项：

1.指导选种播种方法改良种植；

2.指导新式制茶机械之使用法改良制造；

3.指导实施防除病虫害；

4.指导茶园及制茶厂之管理；

5.指导组织生产及贩卖合作社，以达到共同购入共同制造共同贩卖之目的。

（C）推广事项：

1.划定茶业合作区。各该场应选择相当地点一处或数处，指定为茶业合作区。凡区内需用种子，应由各该场供给，并随时协助，详细指导种制方法；惟所需肥料农具及其他一切劳力，应由茶农自行负责。至所有一切收益，全部属于茶农，如能服从指导，成绩优良，堪以示范者，酌予奖励。

2.无代价分散种苗。将各场育成优良种苗，尽量无代价分散人民领种，并指导种植方法。

3.联络乡村学校。各该场应联络乡村学校，予以实习及参观之机会，以引导一般学子重视茶业之观念与其兴趣；并启发其茶业企图思想，以共谋茶业之推广。

（D）宣传事项：

1.编印茶业丛刊，茶业浅说，分散茶农，编制各种标语，张贴通衢，唤醒民众之注意。

2.举行茶叶品评会，借正确之评判，以谋改进推广之方针。

3.筹办茶业讲习会，以期茶业之新知，灌输于茶农，使其明了科学之方法，而增进工作效能与生产率。

4.组织茶业巡回讲演队，随时随地指实讲演，以广宣传。

5.举行茶业展览会以资奖进，而便改良。

六、结论

以上所论，均就举目前所切要者言之。至于出口检验，现实业部商品检验局已实行检验，从此粗制滥造之品，当可绝迹于国际市场，至其他如筹设茶业银行、茶业贸易公司、国外分销处、免税出口、国际宣传等，均有赖政府之策划提倡与经营，方克有济，非一省之力所可举也，故未论及。作者毕业茶校，以数年服务茶界之所得，窃认为非此莫由振兴，故本篇所列，多以本省立论，以符"在皖言皖"之本旨焉。

主要产茶国茶叶输出比较表

（单位：吨）

时间	中国	印度	锡兰	日本	爪哇
1896年	228 321 705	150 421 245	110 095 194	42 676 588	7 196 000
1930年	91 983 000	310 118 418	241 500 000	22 543 553	135 125 000

《安徽建设季刊》1933年第1卷第1期

茶　市

本埠洋浮茶市，祁门庄梁秋浦等路红茶，因国外来价紧缩，市面仍无重大进展。惟自开盘以来，到货源源不断，市上囤积红茶已有一万七八千箱，因此茶商谋脱心切，不惜一再让价求售，最低市盘，已开至七十元，形势依然恶劣，至绿茶市面，亦复疲软，各路针眉，怡和锦隆等行，虽均有相当进胃，但最关重要之珍眉绿茶，屯溪货既已搁置不少，歙县货亦未开盘。土庄温州等路货，均未能畅销。绿茶市盘又较前挫跌十余元，因此土庄制茶厂家，大部分均已停工歇业。而湖州宁波各路产地毛茶，日来亦均无人问及云。兹将月中各茶成交额列下：

茶别	成交额/箱
珍眉	8 090
针眉	2 159
祁红	11 914
虾目	378
宁红	82
河红	124
珠茶	42
蔴珠	201
秀眉	28
贡丝	84

《钱业月报》1933年第13卷第6号

一九三四

皖省茶丝业之改进

（安庆通信）皖省建教合作方案及次第推行办法，曾经建教两厅商订，会呈省府，转呈三省剿匪总部核定。兹该两厅又会呈省府，略以茶丝两项，本为我国出口大宗，而祁庄红茶（包括祁门、至德及浮梁在内统名祁庄），尤驰名全球，徒以墨守成法，不知改良，外人急起直追，遂致销数锐减。蚕丝事业，亦以质料不良，滞销国外，国计民生，俱受重大影响。际此农村破产，百业凋零，亟宜就本省原有天产，竭力改良，因地制宜，培养专业人才。俾学以致用，兼可振兴实业。经本厅等往复会商，本建教合作之旨，拟即日筹备，于二十三年度起，添设下列二种事业：

（一）拟就建厅原有祁门红茶业改良场，筹设初级茶科职业学校一所。在开办之先，拟先物色茶科专门人才，派往日本、印度一带产茶之区，先行考察，俾周知国际商场现今茶业产销情形，以便订定改进标准，着手筹备。开办之后，畀以重任，责以专司。俾无扞格之虞，而收指臂之效。

（二）本省蚕业，向以省会为中心。青阳、贵池一带蚕丝，虽亦发达，苦无相当设备，拟就省会原有蚕业改良场，与省立女子职业学校，根据前呈该场校合作原案，扩大规模，设立高初级蚕桑科职业学校一所，为全省培植蚕桑人才之中心。对于栽桑饲育制种制丝诸端，精研改进，毕业后分派各地指导民众，藉以开辟利源，复兴农村。以上设施，直接在改良本省固有之出产，贯彻建教合作之精神，间接为救济社会生计之凋零，增进全省无形之幸福云云。闻省府据呈后，已提请常会核议矣。（三月八日）

《申报》1934 年 3 月 11 日

皖省筹设茶丝职校

皖教建两厅组织之教建合作设计委员会，对于教育生产化，曾有详细之方案，报经省府，转报三省剿匪总部备案。兹悉该会又议决，即由教厅筹设茶丝职业学校，以皖省祁门、至德、浮梁等处产茶著名，素有祁庄之称。拟于祁门建厅原有之茶业改良场内，设初级茶科职业学校，并拟就省垣蚕桑改良场及女子职业改设高初级蚕桑科职业学校。以贵池、青阳等县为产丝最著之区，该二县接近省垣，故该校拟设省垣，并拟选派茶科专门人才往日本、印度一带产茶地方实地考察，以作参考。闻省府已将此案提出会议讨论云。

《申报》1934 年 3 月 12 日

祁门茶业依然活跃

祁门、浮梁、建德等处红茶，每年出产不下六七万箱。去年制茶庄号，共有三百家左右，营业结果，大部分多受亏折，因而被迫停业者，不下二三十家。现下茶事将届发动，祁浮各路号家，对于业务上均已积极进行，连日与上海各茶栈接洽放款，情势依然活跃云。

《申报》1934 年 3 月 17 日

吴觉农赴皖指导茶业

安徽省立茶业改良场，鉴于吾国茶业市场日渐不振，印度、锡兰、爪哇之红茶，近且取皖茶之地位而代之，亟须谋改良办法以期挽救，特函聘沪上专家，现任实业部商品检验局农作物检验组主任吴觉农君，前往祁门安徽省立茶业改良场所在地，指导改良茶业事宜。

查吴君此去，实系义务性质。其任务：（一）指导合作；（二）办理红茶制造竞赛会；（三）调查试验茶叶之实际情形，并主持一切试验茶叶之事宜；（四）准备进行复兴之计划。吴君以此事关系我国茶业前途者甚大，实属义不容辞，业已慨然允诺，于前日首途赴皖，指导一切。为期约一月有余，一俟指导事毕，将于六月十日以前到京，参加实业部第二次商品检验技术会议。

《申报》1934 年 4 月 29 日

皖赣红茶新讯

祁门首字红茶，近三四日来，均正式开园采制。适连日天气晴明，接朝降露，山户采下之叶，利于晒坯，且兼芽质嫩头，出品极称良好。西南乡各号门子庄，均抢先收买，进茶涌旺，市盘南路开四十余元，西路六十余元。较之往年山价已低减一二十元。刻得地利与茶源较广之号，首字均已进满，纷纷开始筛制。今日（三日）天又大雨转冷，连绵不休。如明后日不放晴，二字茶颇受影响。总计全邑开场办茶者，共有一百五十余家，城内七家，西南两路各占多数，市气之热闹，不减当年。

至德红茶，今岁洋商注意中庄，市面活跃。沪上源丰润等茶栈，均在尧渡街设庄办茶，兼营放款。首字红茶，已纷纷开摘，各庄进茶，亦争先恐后。山价自四十元至五十零元，高庄与祁茶相仿，各号为抢新上市，咸加工赶制期早成堆启运。河口红茶，向销洋庄为大宗。旋因海外市场销胃不大，迭年受负，市面日就衰颓。……栈方又多致力于祁门、至德、两湖、修水红茶，对河红都冷视。今岁河口茶市，仍无复兴之可能。

《申报》1934 年 5 月 9 日

英美华茶销路

我国茶叶推销国外市场，近年来因品质不良，又被印度、锡兰茶之倾销，英美各国，几被摒弃。实业部、上海商品检验局有鉴于此，积极从事检验及改进，并与产地茶商组织合作社。关于宁州、祁门等处红茶，本埠外商锦隆洋行，极为赞许，愿代为送往伦敦推销。至浙江平水绿茶，据纽约来函，称平水茶恶劣不堪，顾客不欢，倘不积极改良，势将绝迹。兹分志各情如下：

设改良场。实业部、上海商品检验局，以我国外销茶叶，品质逐年退步，致输出数量及出售价格，连年减退，若不从事改进，国际贸易将无立足之地。故除积极从事检验工作外，最近对于各地茶叶品质之改进，为特注意，并与安徽省建设厅合作，办理祁门茶叶改良场。组织产销合作社多起，以期减低成本外，又与实业部、中央农业实验所及实业部汉口商品检验局，在宁州合设茶业改良场一所。本年该场所出之新制红茶，品质异常优美，已能与印锡红茶并驾齐驱，汉口洋行出价达百二十元（普通宁州红茶市价不过六七十元）。如能逐步改进，则茶商可得莫大利益也。

《申报》1934年5月18日

皖省茶业趋势

（婺源通信）皖属祁门、至德红茶，婺源、屯溪、歙县绿茶，产质优富，甲于全国，且为洋庄箱茶输出中之最高庄，在海外市场，具有悠久之历史，与他的优越位置。其中，婺源抽芯、祁门贡品，尤世罕甚匹。在昔茶市畅俏之年，徽人拥此天然丰优之特产，衣之食之，均赖此以资挹注。社会经济泉源，亦得以循流勿涸。无如盛衰不常，近年累受世界经济恐慌之影响，海外市场，突呈剧变，市价倾溃，势将急转直下。恃茶为活之农村经济，殆都宣告破产，昔日之黄金时代，今已无法攀留。所谓天然特产，将成强弩之末矣。本年皖属新茶又届上市，此一年中茶市之趋势如何，可于此时，略识其端绪。兹将生产、茶质、山价、栈号、外销各情形，分段述之，以告关心茶业之读者。

生产蚀收。徽属产茶，历史最早，产量之丰，首推祁门，婺源、歙县、休宁次之，黟县又次之。全徽植茶面积，约占稻田面积三分之一强，农人因一年生活所系，咸视茶为副产要业，对栽培施肥，无不克尽其能事。生产丰收之岁，约有干茶十五万担以上，价值银千余万元。今岁各县平原、山地背阴茶树，受去冬多雪严寒影响，大半受冻凋萎，发育不强。据最近各山户采制完成估计，普告蚀收，平均统□，仅有十二万零担，较旧减少三万担左右。如此巨额之折歉，实为近岁未有。

茶质尚佳。徽茶因土壤气候之适宜，质味特优于他省。惟出品之优劣，随新茶开采时天时顺逆而转变，如至茶身发育，多雨暴热，则茶芽怒放，小户采制不及，易致枯老，茶身饱雨不得露润，则叶硬质轻。此种出品，茶号虽加精制，但因原料已坏，结果难成佳茗，若值洋商需要殷切时，或可侥幸得脱。反之，危险实甚。今岁新茶，除祁门、至德红茶，因天时雨量过多，出货欠佳外，婺休等地绿茶，在毛峰露嘴时，虽阴雨连绵，及至开园，得天时晴暖，气候平温，茶身既得频滋朝露，又可任山户从容采制，故新茶出产，异常嫩头，□量增重，色味之佳，允称上乘。

山价增高。茶号因一年生计在于斯，山户收园时，均动员侦骑四出，探盘搜买，茶农始意以今年产额蚀收，不售高盘。则茶价两蚀，必亏成本，坚不愿沽。茶号以市面不起，须合所限定盘，肯成交易。相持之下，山户困于经济之压迫，茶号鉴于生产之蚀收，双方始就范持平开秤，市价依品质之高下而定。计祁门红茶，每担自一百二三十元至三十余元，歙茶自九十元至五十余元，屯茶自六十元至七十余元，婺茶自五十元至七十元，较旧均提高一二十元。茶号之成本既增重，山户得加之价，亦仅补产额之折歉。然以全徽各地蚀收之数计之，约少收入二百万元，于农村经济，无形中不可谓非一宗巨大损失也。

茶号减少。茶号宗旨，以极力减轻成本及谋善价沽出为原则。在减轻成本一方面，山价贵贱似权在号家，故每届新茶开秤，山价常有争持，结果号方因进茶心切，难趋一致，最后必到团结心散，抢先加盘。至成箱出售，市价高下，其权更全操于洋商，故茶叶贸易，至今买卖无权。茶商久欲打破此难关，卒因团体不固，环境如斯，幻想未能实现。茶业遭败之□结，大半在此。今岁号家态度，鉴累年之受创，操持颇镇静，不似往年之互轧竞争，市价得循序开秤。间有□慎号商，见海外市场黯淡，较少进茶，免蹈覆辙。综计本年各县号数，祁门较旧减少三十余家，屯溪少七家，歙县婺源各少二十余家。盖处此非常之年头，号商宗旨，大都见风转舵，不欲随狂澜而轻于冒险试渡也。

茶栈紧缩。茶栈业务，其性质有类经纪。不同者，可先放款于茶号，茶号接受乙栈茶款者，箱茶则投于乙栈，由栈向洋行议盘沽出。所得茶价，除扣收栈放之本息及栈用外，余找欠偿。如号方□本做茶，售盘不亏，栈方营业之收入，只有盈而□□。徽属各丝茶栈，均为沪栈派驻所在地之分庄，放款宽缩，须听沪栈之指挥而行。近年各栈放款，因遭已往滥放之折阅及银根之关闭，咸主慎重。沪栈且议规章以限制，如茶号本年拖欠栈款未清偿者，翌年正初，即由栈陈报公会，他栈不得再接该号与放予茶款。此法施行后，茶栈被号亏累者日尠。今岁驻徽各栈，仍本旧□，对号放款，须视该号本身是否健全。每号领偌数目，约占资本总额十分之三四；力量欠充之号，均感袖短难舞之苦；无本投机之号，惟有望洋兴叹，不敢赤手开场。本年各地茶号减少，实□银根紧缩有以致之。

销价不俏。徽属洋庄箱茶，向销英、美、法、非、俄、德等国为大宗。店庄去□，仅占最少数。华茶贸易，全视海外市场销价畅滞、涨落定盈虚。近两年来，洋商开出华茶市价，较前大降。祁门红茶，因山价之增重，售盘只及成本之半，两年中茶号损失之数，几达二百万元。婺屯绿茶，以盈亏扯补，亦无沽利。据沪商品检验局报告，本年第一季茶叶出口数量共为七二六二三公担六七公斤，较去年同季之七七七六九公担六六公斤，减少达五千余公担。本年新绿茶首次出口，亦只有八十五吨。除英国略增外，余均减退，尤以美国及俄国为甚。摩洛哥绿茶市面，亦异常清淡，其中，土庄珍眉、针眉存底尚有八千余箱；路庄亦有五千箱，各种茶价，均趋下跌。且法属殖民地，对输往该属之华茶，自本年四月一日起，实行加倍征收进口税，即每茶一担，须征华银五十元。越南亦□法后尘，议增华茶入口税率，此种苛税，于我国绿茶销法，又加一层阻碍。上周屯溪首字珍眉，在沪开出新盘，仅售一百三十余元，较旧跌减二三十元；河口新红，只开六十五六元；遂安珍眉，近日价复暴落二十元，将来祁婺红绿茶售盘，自难比上年提高。虽今岁售茶改正新市秤，较磅折斤，稍有扯补，但为数甚微，不足弥偿得价之折数。未来市势转变至何地步不可知，然以目前之新盘销路测之，皖省本年茶叶，难□有好转之征象。（五月二十八日）

《申报》1934年6月3日

输出茶的检验与贸易

胡浩川

我国茶的国际贸易，可以分做两个时期。有唐之末，迄于清初，是陆运的塞外贸易。欧人东渐了后，蒙古及……内附密切，茶向欧美各洲，得着市场的新需要，这是水运的海外贸易。

塞外贸易时代，曾有过半检验的政策。元朝设立的榷茶批验所，重要的目的，原在缉私杜漏，增进官营的效力。同时，对于茶的审查，如辨别种类，如鉴定真伪，也有附带的注意。海外输出的当初，茶是我国独有的天骄子。我们是绝对自由的供给，需要者是一无拣选的接受。自从别的国家，也有了大量生产，作猛烈的对抗之后，黄金时代，渐渐灰了当日特独的色彩。但是我们的茶，品质超越一切，盛况的持续，在理应该是可能的。五十年前，输出达到二百六十万担。民国纪元的前六年，也还平均有一百五十万担。就中一九一五（四年）年，且为二百一十万担。一九一八（七年）以后，差不多是一年不如一年了。

失败的原因，要从茶的本身考查，实际上是有很多的缺点。由于人事的未尽，天惠的优美，也被□埋没，弄得发挥不出。经济上的不合理，经营的徒费，中介商的茶栈重重剥削榨取，如祁门红茶，运到九江，成本已较爪哇茶到达英国的价格为高。栽培及制造上的技术，不能日新月异的进步。这些姑且不论，但就输出品的不善方面，试说一二事实。茶是茶植物的芽叶制成的，不发酵的绿茶，本有天然的色彩。除少数特殊的情形之外，相习一例的着色。美国的销路，就这样的送了日本。温州一带的茶，品质也还有相当的过得去……

总之，检验有利海外贸易，尤其检验是积极的改良政策，并非消极的限制主义，这已是明显的事实了。

《申报》1934 年 6 月 11 日

经委会成立祁门茶叶改良委会

（南京）经委会二十八日成立祁门茶叶改良委员会，到实部等机关代表，公推许仕廉为该会主任委员，指导祁门茶业改良事宜。（二十八日中央社电）

《申报》1934 年 7 月 29 日

改良祁门茶叶计划

（南京）经委会成立之祁门茶叶改良委员会，已编制预算，并决定改良计划原则：（一）改良茶种及种植方法；（二）改良采茶手续；（三）添购新机，改良烘制；（四）改良装罐贮藏。此项计划将先就国内红茶一部分，先行研究。已计拟进行者：（一）国内调查，由会派员至闽、皖、浙产茶区域调查改良；（二）国外调查，由会派员至印度、爪哇、锡兰、日本等采茶国家，调查种植、烘制、贮藏等新方法，以资借镜。（十一日专电）

《申报》1934 年 8 月 12 日

祁门设立茶叶改良场

（南京）祁门设茶叶改良场，一日成立，改良会委员七人，许仕廉、杨承训、徐廷瑚、钱天鹏、吴觉农、刘贻燕、方南强，以许仕廉、钱天鹏、刘贻燕为常委。该场开办费，经委会拨六万四千元，以三万三千五百元为祁门茶叶改良场场址，建筑费三万零五百元，经常费由实业部年任一万二千元，皖省府任八千元，场长派胡□川任之。原在江西修水设立之茶叶改良场，即行撤废。（三十日专电）

《申报》1934年8月31日

经委会派员调查各地茶叶

（南京）经济会派叶懋等六人，分赴皖之祁门，赣之修水，闽之龙岩，浙之杭州，调查各该地茶叶种植产量品种，推销数量。叶等三十一日，分途出发，经委会并函各该省府予以协助及便利。（三十一日专电）

《申报》1934年9月1日

谈祁门茶

舜 如

祁门为安徽主要产茶之地。祁门红茶，在国内及国外市场俱占重要地位，其市价大都较国产其他茶叶之价略高。当上海新叶上市时，多以祁门茶为各项红茶订价之标准焉。

祁门现产有红茶多种，该县西区所产之白毫与雨前两种，尤为上品，质料特优，年有大宗输出。按：六十年前，其地不产红茶，至一八六七年，始有一俞姓者，创制红茶，获利甚丰，于是效尤者踵起，而今则其地居民，几无不以焙制红茶为其主要生计矣。

祁门地处高原，四面皆崇山峻岭，故与外界交通颇感不便，凡满载之帆船，只能于潮高时驶抵其地，水浅时即不能达。其地土大都为沙土，富于铁质及磷质，最宜于种茶，又空气之湿度较高，每酿成雾，此亦于植茶极有利者。

祁门分为二区，一西一南，二者每年皆产茶极丰，属于西区者，如历口、伦坑、桃源、渚口、闪里、高塘石谷、彭龙、田坑各村；属于南区者，如塔坊、贵溪竹、科里各村，皆以产茶为最著闻者。据最近调查，其地于一九三〇年输出红茶二二二〇五担，一九三二年计输出三万八千五百箱，合一九二五〇担，在昔日其输出之数，远不止此。近以市面不振，又工资昂贵，遂减至此数，且市价跌落，植茶者不得不亏本出售，于是农民渐觉灰心，不甚重视植茶。现今其地专事种茶者，计有地一四六九三亩，但由各佃户零星种植，并无大规模之制茶组织，而茶田亦多零星分散于各处也。

种植方法

凡土地经种茶以后，肥质减低，因茶之滋长迅速，耗用土地之肥质较甚，故于种茶以前，必先将田地上之莠草除净，将土面耙松，然后播种。其工作颇费时力，大欲在山地植茶，每亩欲须工作二十日至二十五日不等，其所需之成本，约自十元至十二元半。

一亩之地，约需种子三斗，此大都在当地购买，种子大都藏于小地坑中，由十二月藏至次年四月底时，乃取出播种，法于地上掘洞，大约圆径一尺，每洞至种子六粒至十粒，若种子优良者，则大多数能萌芽滋长，每丛各相距约三四尺。

田土之耕耘，每年二次，一次于三月间行之，其时当嫩芽初发之际，一次于九月间行之，其时茶树开始结子，若芟除杂草，则于必需之际，随时行之。

种茶时所需之肥料，大都为粪木灰、草灰、菜子饼等。施肥时，法于茶树之旁掘一小穴，以肥料倾入穴内，再以泥土掩之。似此施肥，年约一次，或两次大致每亩之地，每次所施之肥，约计粪八九担，菜子饼三四担云。

祁门一带，种茶时尚不谙修剪茶树枝叶之法，亦未知此法之有利于茶之滋长，惟有时将极老之旁枝割去，俾使其另发新枝。若以此法去枝，则新生之枝，须待二三年后，方能采用其叶。

凡施种以后，须待四年，然后采取其叶，第一年采叶，年仅一度，但待茶树之年龄达七年以外，则年可采叶三次。第一次于四月初旬行之，所采之叶谓之头茶，品质最优。头茶采取以后，每间二十日采一次，至第三次为度。采叶时男女工皆雇用之，此项工人，其工资或按日计，每日五角，或按一季总计，则每季约七元，大都由雇者供给膳食。

据最近调查，每种茶一亩，所需之成本综计约三十二元半，其详情列次。

租金	0.20元
采叶工资	17.00元
耕地工资	2.50元
芟除杂草工资	2.50元
肥料（菜子饼）	12.00元
其他费用	1.00元
共计	35.20元

普通情形，每亩之茶，农人之收入，约计如次。

头茶	24.00元（一百二十斤）
二茶	10.00元（五十斤）
副产品（玉蜀黍或豆）	6.00元
共计	40.00元

又植茶时开垦及播种之费用，每亩约十三元，乃以上所未计入者。

焙制程序

茶叶自枝头采下后，即均匀分散，置于竹制之扁上，曝于日中。叶于初采下时，翠绿可爱，晒后渐成深绿色，干而富于脆性，此时即认为日晒之功候已到。凡茶叶迎取日光，过久过暂，俱非所宜，究至何时为适当，此须有经验者始能处理，适如其分，凡叶经晒后，过干则将来烘焙时易碎，过湿则不能使之气味芬芳。

茶叶经适度之干燥后，但用手搓之揉之，使叶之纤维破碎，于是所含之液质流出，流出以后，复行吸入叶内。经此手续后，将来饮用时，浸入热水，所含之茶质易于流出，可使泡茶之时间减短。

茶经搓揉后，即投入木桶内，以器压之，然后以泾布置桶之上端，乃曝于日光下，经若干时后，叶即起发酵作用，而气味与色泽，皆起变迁矣。

茶经此手续后，谓之毛茶，即可由农民售予商贾。惟此际茶叶犹未十分干燥，故购者多以之置竹筐内，以木炭火烘之，以防其霉烂。

茶质之优劣，用筛之方法分之，所分者不下十九种，此项之手续，极重要而繁复，须雇用工人多名，从事于此。工人大都由工头代茶行负责召集，茶行方面所付工资，每人每季约二十四元，但亦有低至十元者。其间之差额，多由为工头者中饱，工人膳食，则由雇方供给。

茶叶既分品级以后，为使其各级之品质整齐划一计，多由工人再用手工拣选，此项手续，多雇女工为之，另用监察者从旁监察。

茶经拣选后，于包装以前，须再经烘焙，以防霉烂，盖经工人剔选，其间不免沾有潮气，再用火烘，则打包以后，可无中途变质变味之虞也。

生产成本

祁门茶生产之成本，随产量之多寡而异，因除某项零用开支外，大规模之生产，其所需之成本，多较低廉，假定每年制茶五百箱，则成本约计如次。

毛茶为制造祁门茶之唯一原料，一九三二年时其市价特高，计头茶每担价一百另八元，二茶七十五元，大致制毛茶一担，成本平均约须一百十元。若茶行照上述年产五百箱之规模，则须雇司经理及书记职务者三十八人，司重要工作之工人八名，一季约需薪水及工资七百六十四元，又膳食亦系由雇方供给者，故须划出约二百八十元，为职工膳费。

收买茶叶时，至少须设经收处三处，所有工资房租等费用，约计三百四十八元。

茶行所在地之租金，一季约需三百元，用煤三百担，约计三百元。此外器具之修理及折旧，其费用约计一百五十元，又制茶五百箱时，司烘焙之工作者约须工人五十名，司拣叶之工作者又五十名，其工资约共一千七百九十八元，其他费用如打包、水脚、捐税、佣金及向上海茶行借款时之利息，上述者尚未计入，兹假定制装箱之祁门茶一担，其所需各项成本估计如次。

毛茶	220.00元
房租薪金器具煤炭	8.80元
烘焙及拣选工资	7.20元
包装	8.00元
捐税	15.40元
水脚	4.40元
佣金	20.00元
借款利息	7.20元
杂项	2.00元
共计	293.00元

祁门之茶行，大都为合股性质，系每季临时结合者，资本三五万元不等，但经营时无须支付其全部，大致付三分之二即敷用，余者可向上海或九江之茶行借贷。惟举借以后，将来须将所产茶叶，售予放款之茶行。以前此项放款，系按其产量为比例，每箱自五元至十元不等。但今已不用此法，盖近年茶价飞涨，茶行对于放贷款项，条件甚宽，藉以□揽营业也。上海及九江各茶行，对于放款予祁门茶行，平时竞争甚烈，于是放款渐流于滥，竟有因此滥账增多，不堪赔累而倒闭者。

《商业月报》1934年第14卷第9期

十万箱华茶决定本月下旬运俄

（沪讯）苏联需要华茶，每年约值千万，向来分西北利亚东转运莫斯科为主，余从海道运去。今则日占东北后，苏俄采办华茶，不再由西北利亚运载，悉由海道装去，上年购存之华茶，在本年三月下旬与四月初旬，由驻沪苏联商船队，派船取海道运至海参崴者共计七千吨，值沪洋二百数十万元。现新茶上市，俄国需要孔急，已电令驻沪之苏联协作社俄人马司哥氏赴汉采办，得新茶砖第一批计十万箱，每一箱重一百三十斤，议定由汉口交货。兹以急待运俄，马司哥氏连日与太古、招商、怡和等各输公司议商运转至沪分五批装齐，每次装二万箱，抵沪后即由苏联商船队调输至上海运此大宗华茶到苏联。自本月二十日接洽，至今日已经各输商定转驳费由货主另付，不在运率以内。从五月一日起开装至沪，预计五月下旬可全数在申运赴海参崴，此十万箱华茶价值五百万元以上云。

《农林新报》1934年第11卷第14期

祁门茶业公会提选红茶运美

（婺源通信）祁门红茶质味之优，世罕其匹，欧美非各国嗜茶者，莫不视为无上珍品。现美总统罗斯福氏，对祁门红茶赞美不置，面请我国驻美公使施肇基氏代购佳品，为日常饮料，刻施氏已转托我国参加芝加哥博览会总代表张祥麟，代为选购寄美。闻罗斯福夫人之祖，前在沪上经营华茶时，常有佳品寄国，因此罗总统遂喜嗜红茶。祁门茶业公会，聆此消息，咸认此为推销祁茶于美国之最好机会，特决定通知各茶号，提选上上红茶一磅或两磅，送交公会，由会加以装潢，重新封固，寄交驻美施公使及随员谢仁钊（本县人），转赠美总统，以敦睦谊，用广宣传。目下茶业公会，正在准备此种手续云。

《农林新报》1934年第11卷第14期

经委会改良祁门茶叶

全国经济委员会实业部等机关，鉴于我国茶叶输出贸易，较前锐减，现正从事救济改良茶种，并作各种精密考察，使茶叶产销增加，如产茶最丰之安徽祁门一带，当局已加注意，曾召集该产地茶商，讨论改进茶种，并于二十八日上午十时，在全国经济委员会，成立祁门茶叶改良委员会，到经委会实业部等机关代表，公推经委会农业处副处长许仕廉为该会主任委员，指导祁门茶叶改良事宜云。

《农林新报》1934年第11卷第23期

呈省政府奉令核办据第十区调查财政委员密呈祁门县商会私设茶捐局各乡区私征茶杂捐一案遵已饬令该县县长查明制止报请鉴核由
第二三三一号
二月十六日

案奉

钧府秘字第八一九号训令略开：

"据第十区整理县地方财政委员刘照熙密呈称，调查得祁门县商会，私设捐局，抽收百货捐款，供给商会经费商团薪饷又各乡区藉办学办团为名，私收茶捐及杂捐等情，并附呈整理保安队计划，征收茶捐杂捐调查等事件。据此，合行检发附件，令仰该厅切实查明核办饬遵具报，此令。"等因，并奉发原件到厅。奉此，查商会经费商团薪饷，均有奉颁成法，可资遵守，何得擅自私设捐局，抽收百货捐款，按其性质，直类从前厘金，显与民国二十年间所奉中央裁厘明令，大相抵触，自应饬令该县县长秉公查明，勒令停止，以肃功令，而杜纷扰。至该县各乡区，藉名办学办团，私收茶捐杂捐，亦无法律根据，其与该县商会擅自私收百货捐款，同一纷扰，亦应饬令该县县长严切查明，一律制止。至于各该小学校及自卫经费，如因此种捐款停收，或稍支绌，应由该县县长另筹抵补，并将筹划抵补情形，呈报备核。除令行该县遵照外，理合检同奉发原件，具文呈报，仰祈鉴核示遵，实为公便。

谨呈安徽省政府主席刘。

计呈缴祁门县整理保安队计划书及各私立小学征收茶杂捐调查表一份。

《安徽财政公报》1934年第29期

训令祁门县县政府奉省令核办，据第十区调查财政委员密呈，祁门县商会私设捐局各乡区，私征茶杂捐一案，仰分别查明，严行制止，仍将遵办情形报核由

第四〇三四号

二月十六日

案奉

省政府秘字第八一九号训令内开：

案据第十区整理县地方财政委员刘照熙密呈称窃职到达祁门，业经呈报在案，因阻雪未能前往婺源，即在祁门工作，调阅关于财政各档案及册簿，并会同县长及财委长督同各职员查算填表：令交会报。谨将调查该县现有私擅征收之事实，列举为钧座呈之。

（一）私设捐局：查祁门商会私设捐局两处，等于厘金堵卡，一设于南门外吴桥头，通江西水陆大道。一设于东门外三里岗，通休宁、屯溪镇要道。询其名称，均云："为祁门县商会所设百货捐局，其征收方法，悉似往日厘金，凡进口货物（米粮食盐均在内）皆得抽捐。"询其用途，即言："供给商会开支及商团薪饷。"查商团现改为保安队第二排，仅官佐七名士兵六名而已。及询之县长，亦认为不合法，云"自民国十九年即有此设立，未便制止"。及查县府档册，亦无此成案及收支册报。于一月十一日下午一时，职与县长及各机关领袖，在财委会讨论地方财政整理办法时，县长将此捐局提出，问该商会代表汪子严，如何设立缘由及收支实

况。该代表含混其辞，无从答复。似此非法征收，不免无侵占渔利。

（二）各乡区私征茶捐及杂捐：查祁门各乡区，藉办学办团为名，自行抽收茶捐各项出产捐，县府亦无此统计，各自为政，不相统一，繁复重征，纷扰特甚。即言茶之一端，为该县大宗出产，每年输出量，最低额在三万箱以上（每箱重量五十斤）。乡团及私立小学，均在此项下，各有抽收。税率不同，征法互异。……有从茶局带征，有由茶号带扣，收数漫无稽考。综合全年，为数甚巨。更有苛抽杂捐，难以枚举。询其用途，不过办私家无纪律之自卫队及私塾变相之小学而已。询之县长，县长亦认为该县最大之弊政。遂出其拟整理保安队计划书与阅，亦注明各乡自卫队之经费。悉以茶捐及苛细杂捐为来源。更查教育局册簿，载明各私立小学经费，亦以茶捐及其他杂捐为挹注。证此二端，信所查之□实。似此私擅征收，难免无把持渔利，不予制止，民何以堪。若谓事业不容中辍，必得集归县办，统筹统支，庶事业有以考查，收支得以核实。

统上列二事，按整理办法第九十两条之规定，理合具文呈请鉴核。如何惩办及统一之处，恳祁饬县遵行，以苏民困，而维商业，不胜迫切企祷之至。

等情，附呈整理保安队计划，征收茶杂捐调查表等件，据此，合行检发附件，令仰该厅，切实查明核办饬遵具报，此令。

等因，并检发原件到厅，奉此。查商会经费商团薪饷，均有奉颁成法可资遵守，何得擅自私设捐局，抽收百货捐款，按其性质，直类从前厘金，显与民国二十年间所奉中央裁厘明令大相抵触，应由该县长秉公查明，勒令停止，以肃功令而杜纷扰。至该县各乡区，藉名办学办团，私收茶捐杂捐，亦无法律根据。其与该县商会擅自私收百货捐款，同一纷扰亦应严切查明，一律制止。至于各该小学校及自卫经费，如因此种捐款停收，或稍支绌，应由该县长另筹抵补，并将筹划抵补情形，呈报备核，除呈报省政府鉴核外，合亟令仰该县长遵照办理，仍将遵办情形，呈报查核，是为至要，切切！此令。

指令祁门县县政府呈复查明田赋征收情形由

第一三六〇号

四月一日

呈悉。该县经征员征收田赋，虽据呈称从未发现私收侵蚀情事，惟历年征数，均不及九成，究竟其故安在？应仍详查具复查核。至该县推收事宜，既系向由经征员办理，尽可遵章设所，饬令兼办，乃因每亩收费八角，一经更张，即不能再收重费，延不组设，殊有未合，仰即遵照前令，设所举办，手续费亦照规定限制收取，一面广为布告，俾众周知，不得再延，仍将遵办情形具复察核，切切！此令。

《安徽财政公报》1934年第31期

（二十六年）祁门红茶

（单位：担）

月\年	十九年		二十年		廿一年		廿二年		廿三年	
	实价/两	比价	实价/两	比价	实价两	比价	实价/元	比价	实价/元	比价
一月	57.000	60.3	52.500	55.5	142.500	150.7	99.567	75.3	109.000	82.4
二月	63.500	67.2	53.500	56.6	……	……	99.439	75.2	113.500	85.8
三月	62.500	66.1	57.500	60.8	110.000	116.4	96.517	73.0	111.000	83.9
四月	59.500	62.9	60.000	63.5	116.500	123.2	91.680	69.3	107.000	80.9
五月	56.500	59.8	320.000	338.5	250.000	264.4	210.000	158.8	105.000	79.4
六月	177.500	187.7	215.000	259.1	185.000	195.7	130.000	98.3		
七月	161.000	170.3	210.000	222.1	112.500	119.0	120.000	90.8		
八月	154.000	162.9	202.500	214.2	137.500	142.8	132.500	100.2		
九月	122.500	129.6	195.000	206.3	115.000	129.6	127.500	96.4		
十月	87.500	92.6	170.000	179.8	102.500	108.4	117.500	88.9		

| 十一月 | 68.500 | 72.5 | 152.500 | 161.3 | 72.500 | 76.7 | 119.000 | 90 | | |
| 十二月 | 64.500 | 68.2 | 150.000 | 158.7 | 75.000 | 79.3 | 112.500 | 85.1 | | |

《社会经济月报》1934年第1卷第6期

（二十六年）祁门红茶

（单位：公担）

月＼年	十九年		二十年		廿一年		廿二年		廿三年	
	实价/元	比价	实价/元	比价	实价/元	比价	实价/元	比价	实价/元	比价
一月	131.857	60.3	121.477	55.5	329.642	150.7	164.684	75.3	180.286	82.4
二月	146.893	67.2	123.760	56.6	……	……	164.472	75.2	187.729	85.8
三月	144.580	66.1	133.014	60.8	……	……	159.6□9	73.0	183.594	83.9
四月	137.640	62.9	138.797	63.5	269.497	123.2	151.936	69.3	176.978	80.9
五月	130.700	59.8	740.250	338.5	578.320	264.4	347.340	158.8	173.670	79.4
六月	410.607	187.7	566.754	259.1	427.957	195.7	215.020	98.3	375.127	171.5
七月	372.438	170.3	485.789	222.1	260.244	119.0	198.480	90.8	280.095	128.1
八月	356.245	162.9	468.439	214.2	318.076	145.4	219.155	100.2	270.092	123.5
九月	283.377	129.6	451.090	206.3	266.027	121.6	210.885	96.4	255.086	117.0
十月	202.412	92.6	393.258	179.8	237.111	108.4	194.345	88.9		
十一月	158.460	72.5	352.775	161.3	167.713	76.7	196.826	90.0		
十二月	149.207	68.2	346.992	158.7	173.496	79.3	186.075	85.1		

《社会经济月报》1934年第1卷第10期

红茶制法改良之我见

傅幼文

我国红茶，出产固为华茶大宗，尤以祁门红茶，以天然品质之优胜，一向蜚声中外，在世界各市场中，俨为红茶之王。最近二十余年来，以印锡红茶相继崛起，我国红茶市场日被侵夺，祁红销路，亦遂日形短蹙，骤就形式观之，固显然系受印锡红茶之排挤，惟就实际考之，我国红茶本身之缺点，亦正甚多，未可专诿咎于外。因撮要言之：（一）栽培之不讲究，然犹间有天然地利之可恃，差可维系而不坠；（二）制造方面之粗滥，则虽有优良之原料，亦难得优良之成品，每每反受其累，减其声价，似此而与日日讲究、时时改良之印锡红茶比较，自然相形见绌，受人摒弃，事所必至，何怪其然。故窃以欲中兴华茶景运，尤其属于红茶栽培方面，固须特加注意。制造方面尤应及时改良，庶免江河日下，而致濒于危境也。仅就管及所见，列举如次：

（一）采摘之改良。查我国各地茶农，采摘茶叶，无论制造红茶绿茶，皆系连茎带叶，一同摘下，同时尤将大小老嫩，混合一处，以之制造红茶，首于萎凋时。萎凋程度，既难均匀一致，继于揉捻时老片每多破碎硬梗，伤损嫩芽，及至施行发酵，每又过与不及，难于均等。盖嫩叶发酵甚易，而老叶则甚难。老嫩混在一处，迁就老者则嫩叶常过，顾念嫩者，则老者不及，每有顾此失彼之憾。此于红茶制造，固生特殊困难，再至干燥，而后断梗，黄片纷然杂呈，无论为红茶或绿茶，均须加扇簸之劳，多拣选之费，稍有疏略，而未清净，至脱售时，一经购者检视，即每以夹杂物太多相诟病，以便藉口贬价。似此层层不利，窃以无论制造红茶绿茶，或为品质设想，或为经济设想，今后采摘，均宜改为留茎采摘，即只采叶不采茎。再于大小老嫩，尤须分期采摘，不能同时并采，混杂一处，以免制造发生困难。纵或谓如次采法，于采摘时，时间经济，亦殊不利，但试连同品质优劣，以及嗣后繁费而论，必然仍较经济。何况如次采法，对于叶量收入，茶树生理，又实有无限裨益乎？

（二）萎凋之改良。红茶制法，生叶萎凋程度状态之良否，不但影响揉捻之难易，尤有关于此后之发酵，此固为红茶制造开端之工作，亦即为红茶制造紧要之关头。我国各地茶农，类多不学无术，更以萎凋方法，向用日光，纯靠天时，无权操纵，一遇晴雨不时，每多束手无策，即幸天气晴朗，然日光之强弱不齐，湿度之高低不一，纵使生叶摊布尚匀，翻拌次数尚合，而需时常短，亦宜各有权衡，未可一律。再如稍不注意，或摊拌厚薄不等，或生叶老嫩混杂，一经若干时间之后，或已干涸过度，或尚鲜绿如前。以此萎凋不齐之茶，一至揉捻之时，萎凋过度者，举凡条线紧细，状能完整，汁液含吐，色香优美各要点，自皆能如心所期，如愿以偿。惟彼不及或太过者，则或叶片破碎，或为松紧各别，品色至不齐一。将来举行发酵，或即时而适度，或过时而未能，任何迁就，均难一致矣。窃以此项手续，宜改行室内萎凋，由各茶农，就相当房屋，妥为布置，俾便保温通风，湿度温度，得保一律，一面广置萎凋架，将所采生叶，敷布架上，使之自然萎凋，如此办理，天时固不限于阴晴，萎凋亦可趋于均等，将来揉捻发酵，皆无不良影响矣。

（三）揉捻之改良。评定茶叶品级之优劣，皆以色香味三者为标准，故色香味者，实茶叶之三要素也。欲使茶叶三要素皆臻上乘，一方固与栽培施肥有关，一面即在制造揉捻之适当。外人饮茶多喜浓厚，且喜一泡之后，茶汁即出。饮吾华茶，每嫌茶味淡薄，或出汁迟缓。所以然者，固由中外人习性各异，亦实由制造揉捻时未加注意，盖茶味不厚，或茶汁泡久不出。前者多由揉捻时揉捻过重或太过，原有汁液，多已流失。后者则反是，即多由揉捻时揉捻过轻或不及，原有汁液仍含叶细胞之内，未经压出。过与不及，结果皆非再揉捻作用，除使叶片紧细，及使汁液流出外，更能使叶中之酸化进行，为作制茶香味之基础，设使揉不适当，不但使泡饮时茶味欠浓，即香气亦多减逊，影响品质，更为重大。我国机器，揉捻未兴，茶叶多用手力，过与不及，为事之常。欲为根本改良，固须改用机械，否则亦应搓揉适度，用力均匀，无太过，而使优良之品质受损。无不及，而使品质之优良不彰。至有间用足揉，不但其弊同于手揉，且尤有不洁之害，其应改良，更为无须论说矣。

（四）发酵之改良。按茶之色香味，为茶叶之三要素，已如前述，我国各地红茶，据检验所得，产自两湖者，三要素固皆平常。产自宁州者，比较亦只稍胜。产自祁门者虽香味比印锡为优，而固有色泽，开汤水色，均甚不逮。考其差异原因，实由于发酵不良，即茶所含之单宁酸与色原体未有充分酸化之所致。盖我国红茶制造，萎凋发酵之手续均系出自一般茶农，既无学识经验，更少完美设备，仅将揉捻之茶，于气干之后，盛于桶内，晒于日中，至于茶层之厚薄，需温之高低，经时之长短皆无一定标准，更因或乘天时而赶晒，或乘高价而赶卖。质言之，所谓发酵者，实不过有此一番手续耳。至于实际发酵是否适度，及是否均等，则实未遑考究。以故制成之品，一为开汤检视，水色则多淡薄，叶色则多乌黯，其香其味，亦少可取，以示印锡所产，叶色均一，水色鲜红透明者，实觉未能并美。窃以此层手续，今亦亟宜改良，特备专室，全在室内举行。对于发酵茶层之厚薄，发酵温度湿度之高低，经过时间之长短，发酵适度之状况，均当有一定之标准，则过与不及，有所考查，调节处理，可归适当，而重要发酵之工作，自可减少缺憾矣。

（五）干燥之改良。干燥一事，关系品质之优劣，售价之高低者甚巨。惟我旧式烘焙时，独缺温度表之设置，热度强弱，时间久暂，全凭司烘者以意度之，非失之太过，有伤茶质，即流于不及，致香气不足，今宜采用温度表，此简易可行也。

（六）筛分之改良。查我国红茶制造，筛分手续本极繁多，筛分技术，亦极精细。然制成之品，出售与人，外人仍嫌形状不整。外商到手，仍须加以改制者，实因我国制法，于精细筛分之后，又复混入均堆，此等先后矛盾之办法，不但多所劳费，且亦无以自解。再外人购用茶叶，以细为贵。而吾人主观，则以碎末为贱品，明明最细之茶，最为外人欢迎，而吾人则必使混入大茶之中，且惟恐分量之多，而惧他人察觉。尤有言者，外人对于茶类品级，如印锡所产，大多定有上中下三等，或一二三等号价格，皆有一定。所以然者，为便利消费者易于认识，而供给者便于售卖，而我国只知多立名目，不分等级，外人利其不分等级之弱点，即可故意抑价，从中取利，此种闭门造车之颠顶，与不审商情之自误，宁非至堪讪笑？故窃以今后对于筛分一节，亦有促新更定之必要。简洁言之，即筛分不必过细，大小须归各别，不应既分而后合，亦不应混合而不分，适应外人习惯，无徒为外人所乘，亦皆改善之要务也。

以上所举，原非高深，惟内慎本身实有之缺点，外察各地市场之情势，因应之策，救济之方，行远自迩，似属必要。倘得研究专家另有鸿筹独见，可为指导金针者，则作者不敏，更为庆幸无既矣。

《国际贸易导报》1934年第6期

安徽茶叶产销状况

皖西六霍一带，向为产茶著名区域，如世称之六安梅片，尤名驰中外，与西湖之龙井，洞庭之碧螺，徽州之大方，黄山之毛峰，并称于世。……预料本年茶市必呈繁荣气象，皖西灾黎，可获苏息之机，记者以皖西茶叶，关系灾民前途甚巨，特调查产茶区域茶叶种类、出产量数、每年销场种种情况，分述如次。谅亦关心边区及注意茶叶者所乐睹也。

产茶区域

皖西产茶区域计有六安、立煌、霍邱、霍山四县，其最著之处，如六安之独山、青山、苏家埠、两河口、落地冈、山王河、毛坦厂；立煌之蔴埠、大小马店、胡家店、流波疃、莲花山、五常湾、南水田、烈石店、杨家滩、简家冲、船半冲、第三冲、苏口、油坊店；霍邱之叶家集、开顺街、白塔坂；霍山之诸佛庵、斑竹园、大化坪、舞旗河、管家渡、滥泥坳、慢水河、黑石渡等处，胥为产茶最著之区。

茶叶种类

皖西山明水秀，茶为出产大宗，因有里山外山之分，品类斯有等差，就大体上言之，茶之色香质味，以里山出产为较优，外山次之。六安西南暨立煌一带所产者，称为黑茶。以苏口、流波疃出口为最优。霍山以南所产者，称为黄茶，以诸佛庵出品为最良。黑茶称为花箱，黄茶称为板篓。茶之发芽，在柳树生叶之后，至清明谷雨之间，叶渐长成，此时遍山茶树，一片碧绿，葱郁可爱，及届立夏，始行摘采，此时谓之春茶。采后再发萌芽，过立夏四十天，方能摘采，此时谓之梓茶，其色香质味，较春茶稍差。梓茶采后，再发芽而采下者谓之三茶，较梓茶更差。此后再发芽，则不能采取，须保存茶树之元气，以备来年再采。

出产量数

皖西既为产茶名区，土人视茶季，甚为重要，采茶工作，多由妇女为之。茶叶采下后，须经火熏炒，多以男子为之。熏炒之后，尚须拣取，谓之拣茶，其细杪拣出者，称为银针雀舌，纯叶称为梅片，或称瓜片。每茶岁季，所用茶工最多时，将近十万人。皖主席刘振华，拟于今年茶季，令皖西移民办事处，介绍边区难民，赴产茶区域，充作茶工，以资救济灾黎。六立霍四县，每年所产茶额有四十万篓，每篓以十斤计，综合已有四百万斤之多，亦可见其产量之丰矣。

行销情形

皖西茶叶以鲁省为最大销场，每年茶季鲁境茶商前往贩卖者，络绎于途，其售之鲁省者，占十之七八，次如北平天津，及皖北豫省，亦有相当销量。当往年承平时代，茶叶上市，皖西各镇埠，市面顿形繁荣，金融亦大为活跃。在茶进款，统计约在百万元以上茶行有二百余家，专做居间营业藉资收佣。在六七年前，中国银行售六安尚设一分行，钱庄亦有数处。嗣以地方匪扰，钱庄银行相继闭歇，茶市亦大受影响。从在厘金局存在时，每岁收入，亦以茶厘为大宗。厘金裁撤后，每年由安徽财政厅举办茶业短期营业税，现已招商认办，并拟分设多局，届时收税。查去岁春茶市价，每篓在二元五角以内，梓茶市价，每篓一元二角至五角，现在皖西茶区已告平靖，逆料今年茶季，必呈复兴之象云。

《兴华周报》1934年第11期

核示望江祁门亳县三县县督学视察报告

....

祁门县政府呈送县督学视察报告指令

核阅所呈学校概况表共列二十四校，而所呈视察表只八校，余具只简略报告，于各该校实际状况都不详尽。虽如来呈所称大都因陋就简，亦应依表填列，方足以视究竟简陋至如何程度。又该县前呈全县学校概况表共计二十八校，且校名亦互有出入，究竟是何实情？

该县县立小学只三所，余具称私立小学，而经费多有全部仰给县教育经费者。似此办法，殊与教育行政系统不合。应自下年度起加以改组，所有领用县教育经费各校一律改为县立，并遴选合格人员充任校长，以资整顿。其他私立学校应由该县教育局另订补助费支给标准，必办理至若何程度方得受县教育经费之补助。补助费总额，以不影响县教育事业之本身为原则。县立小学经费之支给，应由该县教育局按照级数，订定标准，免致偏颇。

该县女子小学校长一职，应遴员接充，不得由该教育局长久事兼代。其他各私立小学校长或徒拥虚名，或不任教课，俱属不合。应分别另委，以专责成。

私立文溪农村初级小学，既称办理成绩优良，自可予以嘉奖。惟该校校长汪在谦兼任私立明善小学校长，核与规定不符，应令辞去兼职，以符法令。

类如私塾之私立小学，应限期切实整顿。如再不遵照课程标准而仍沿授百家姓等陈腐书籍，应即勒令停闭。

所陈改进计划，尚切实际，应由该教育局分别采择施行。惟对于学校茶假，不必消极禁止。如在此时期，学生确系回家帮同料理生产事业，应可遵照小学规程第五十七条之规定，酌量移动假期。惟须事前呈明该县教育局并转呈备查。严令各校注意考试，并应遵照本厅第五一四号训令办理。

徽茶之研究

适 安

引 言

吾徽僻处丛山之中，气候温和，乃最宜茶之地，人民赖茶业为生者，约居半数有奇，故徽州金融之是否活跃，徽人生计之是否困难，全以茶业之盛衰为推断。年来徽属各县，匪患频仍，迄无宁岁，商贾裹足，农林为墟，茶园荒废，茶市式微，产额逐年减少，以致茶商茶农均告破产，徽人生计大受影响，老弱啼饥号寒，少壮铤而走险，于是盗匪更多，辗转相承，互为因果，几至不可收拾！今者土匪虽经刘主席一再□动，渐告肃清，而茶业之衰落也如故，顾茶业与徽人之关系如此密切，徽茶之改进，实属不可缓之举。爰就管见所及，举我徽茶之概况与其对外贸易之积极约略述之，以期唤醒国人之注意焉！

一、徽州地势土质与茶之关系

茶在农业上之特质，即在能利用斜度甚急之坡地，从事生产。其他一切作物不能生长的所在，以之植茶，品质反特别优良，而非平地之茶所及。徽州到处□山□□，诚宜开垦以培植茶。又土壤之性质与茶树之栽培，关系亦属重大，盖茶业产额之多寡，与夫茶之优劣，全系于土壤之肥瘠也。考我徽州祁门婺源一带地质，多系云斑石的砂岩，色甚红，故此两县所属各地之土壤，多呈红色，铁分既富，磷酸亦多，土质极肥沃，最适于茶树之栽培。故徽州无论以地势言，以土质言，均属最宜茶之区，实天赋之世界第一产茶良土地。

二、栽培方面之特点

徽州境内山多田少，农产物以茶为中心，故徽人对于茶业特别重视，茶树栽培方面，颇加注意，对于中耕除草等工作，不甚间断，且婺源东北乡人民，不若其他各地山户有茶树施肥足害茶叶香味之迷信，对于茶树施肥，亦不疏忽。而所用之肥料，又以人粪尿为主，考茶树主在采叶，故肥料以肥叶之氮素为主，人粪尿最为适宜，盖不仅有增加产量之功，且能增进色泽及香味，远非他种肥料所能及也。

三、采制方面之特点

采制之精粗，与茶品质之优劣，关系至为密切，徽茶之采制方法，虽农户狃于旧惯，未加改进，不敢妄言完善，但比较国内其他各处略见进步。就采摘方面言，摘期适中。祁门红茶约在谷雨前采摘，婺源绿茶摘期约在立夏前后二周，既不失之过早，亦不失之过迟，故品质大致均一，优劣悬殊之现象，颇不多见。且采摘时，力求叶片之采取，留□各部之芽头，如此虽亦不能使株势饱满圆实，纵较一般狂采滥摘之情形，聊胜一筹。再就制造方面言：茶叶揉捻以手工行之，固不若用机械迅速而优良，而徽茶之揉捻，所历时间较长，故芽叶多成细条，液汁之香味浓度较国内一般茶叶为高。

四、徽茶在国际市场之地位

茶为吾国出产大宗，国际贸易久著声誉，吾皖在各省中产茶最富，为茶业最发达之区，实占中国茶业之中心，无论内销外销，红茶绿茶，均各有其特殊地位。而我徽州地势高峻，土质优良，故徽茶在自然条件上，得天惠独厚。加以人工栽培制造而不过于粗放，因之色香味特佳，且红茶绿茶具备，复多系外销，是以徽茶匪特为全皖之冠，且执世界茶叶贸易之牛耳。过去所谓国际市场为华茶所独占，即为徽茶所独占，嗣因日本印锡诸茶，先后勃兴，徽茶遂一再衰落，大有江河日下之势，渐失其固有地位，良可慨也，兹据海关统计将我国历年输出红茶绿茶数量列表如下：

历史中国红茶绿茶输出数量统计表

（单位：担）

年份	红茶	绿茶
1869年	1 214 631	213 945

年份	红茶	绿茶
1870年	1 087 121	227 481
1871年	1 362 634	232 617
1872年	1 420 170	256 464
1873年	1 274 232	235 412
1874年	1 444 249	212 834
1875年	1 433 611	201 282
1876年	1 415 349	189 741
1877年	1 552 450	197 410
1878年	1 517 617	172 826
1879年	1 532 419	183 234
1880年	1 661 325	188 623
1881年	1 636 724	238 064
1882年	1 611 917	178 839
1883年	1 571 092	191 116
1884年	1 564 456	242 557
1885年	1 618 404	214 693
1886年	1 654 058	192 930
1887年	1 629 881	184 661
1888年	1 542 210	209 378
1889年	1 356 554	192 326
1890年	1 151 092	199 504
1891年	1 203 641	206 760
1892年	1 101 229	188 440
1893年	1 190 206	236 237
1894年	1 217 215	233 465
1895年	1 123 952	244 202
1896年	912 417	216 999
1897年	764 915	185 306
1898年	847 133	185 306

年份	红茶	绿茶
1899年	935 578	213 791
1900年	863 374	200 425
1901年	665 499	189 430
1902年	687 289	253 757
1903年	749 116	301 620
1904年	749 002	241 146
1905年	597 045	242 128
1906年	600 907	206 925
1907年	708 273	264 802
1908年	685 408	284 485
1909年	619 632	281 679
1910年	633 525	296 083
1911年	734 180	299 237
1912年	648 544	310 157
1913年	547 708	277 343
1914年	613 295	266 738
1915年	771 141	306 324
1916年	648 228	298 728
1917年	472 272	169 093
1918年	174 962	150 710
1919年	288 798	249 711
1920年	127 832	163 984
1921年	136 578	177 616
1922年	267 039	282 988
1923年	450 686	284 630
1924年	402 776	282 314
1925年	335 583	314 564
1926年	292 527	329 197
1927年	248 858	333 216

年份	红茶	绿茶
1928年	269 615	306 765
1929年	294 563	350 055
1930年	215 079	249 779
1931年	171 466	293 526
1932年	147 067	274 707
1933年	162 346	288 496

综观上表，华茶输出之数量，绿茶尚能保持平衡状态，虽间有出入，亦属甚微，至红茶之输出，则自一八九六年以降，年见锐减，惨落不堪。查华茶对外贸易，无论红茶绿茶均以徽州所产者为大宗，华茶之国际市场日削，直接所蒙影响最大者，厥为徽州。徽州年来社会之所以不景气，即基于此。考世界需茶之量，年有增加，而我国茶业反惨落如斯，揆其原因：半由国内治安不良，政治不善，致有心提倡改进者无从着手，遂不免天然淘汰；半由日本印锡茶业逐渐改良，能收物美价廉之效果，利于畅销，因之国际市场为其所夺。盖徽茶之栽培采制各方面，较国内其他茶业，虽胜半筹，然比之印锡诸茶业则瞠乎其后矣。由是徽茶之改进，刻不容缓也。至改进方法，现有祁门茶业改良场专研其事，故不多赘，免贻班门弄斧之嫌。

五、徽茶前途可乐观

近数十年来，徽茶输出贸易，虽有一落千丈之势，不无危惧，然此仅为一时之病态，并非永久之现象。今就各方面观察，徽茶前途，颇可乐观，兹将各种事实列举于后：

（1）匪患渐肃清。

徽州□接江西，匪祸频仍，连年惊恐，人民流散，百业萧条，而茶业所蒙影响尤大，不但运输贩卖受种种阻碍，而茶园荒废，产量亦逐渐减少。今者匪患渐告肃清，人民可安居乐业。茶业运输上既免意外之阻碍，且栽培制造之改良，亦渐可从事实际工作矣。

（2）交通发达。

前曾屡言之，徽州境内多山，交通梗阻，茶业运输极感不便。婺源绿茶除一小部分集中屯溪外，余均集中江西鄱阳。祁门红茶，亦系集中鄱阳，再经九江转运上海。徽属其他各县茶叶多集中屯溪，而后经杭州转来上海出售，如此取道纡折，匪特久延时日，运费繁重；且转运之始，概由民船装载，所谓"破船多揽□"。茶业被水浸湿之弊，时有所闻，现在徽州公路业已次第告竣，先后通车矣，徽茶运至上海不□朝发夕至，从前所谓交通不便的问题，顿告解决矣，既免运费之虚耗，复少意外之损失，茶业前途，裨益良多，殊堪庆幸。

（3）茶业改良场设立。

茶业之改进，必须设立专门机关，从事试验研究，而后进于推广，盖无待烦言矣，徽茶占中国茶业之中心，故言改良中国茶业，必自改良徽茶始。政府有见及此，因于民国四年，由北京农商部创立茶业改良场一所，于祁门县南境之平里，当时经费充足，规模事□，颇为闻著。旋即范围缩小，迨至十七年乃收归省有，改为省立第一茶业试验场。未及一载，又告停顿，场屋茶树颇多荒废，于二十二年始又恢复，定名为"安徽省立茶业改良场"。虽以频年历经匪乱，与夫经费困难之故，对于各种设备，未见周详，收效尚少，然现在残匪业已肃清，地方渐告安定，且获得全国经济委员会及实业部农业试验场之赞助，今后定可增加经费，充实设备，采办机械，扩大组织，使茶业栽培科学化，产销合理化，是祁门茶场不但可负徽茶改良之责，且可负全省茶业改良之责。

（4）产销渐趋合作化。

我国茶商茶农，向漫无组织，茶叶从生产者到消费者，不知经过几百人之手。贩卖手续，曲折繁复，不可名状。且经过一次人手，即增加一次剥削，内地茶农茶商对于商情隔膜，各自为政，毫不联络，一任茶栈挟持，洋商操纵，有此中间商人之重重剥削，故使之成本高于外国，不能与其竞争，自取致败之道，殊堪痛心。祁门茶场有鉴于此，在茶场设立之始，即行从事倡导合作组织，一再宣传劝诱，乃以风气未开，难得当地人士之信仰。初仅于茶场所在地，成立平里信用茶业运销合作社一所，所有资金用费悉由该场□□，计达三千余元之谱，收买、制造、运出、售卖亦概由该场经手主持，出品两批不及三十担，乃以所有茶号均告不堪之日，合作社员竟获纯利百分之十五，可以分配。推其原因虽与经营之合理，不无关系，而其最大效果，则售出未经中间商人之手，免除种种剥削也。因此祁门各地茶户纷纷兴起，请求该场进行指导，自动组织。此种合作组织，既深得一般民众信仰，逐渐推行，自可普及全徽，进而亦可普及全皖全国。查合作社中所最感困难之点，即在贷款问题，但最近政府与农民已通力合作，银行界亦将予以经济的援助，以最低利率贷与经营，农民既无经济困难，茶业产销定可渐趋合作化，匪特可免中间商人之剥削，减低成本，且能为优品之生产，以估获售价，如此农民可多获纯盈利益，何有亏折之虞？以合作社用之于其他事业成效固著，而用之于茶业成效尤著也。

结　论

徽茶得天之时，得地之利，品质优良，为群茶之冠，而产量亦丰，国计民生所关至巨。今后若能充实祁门茶场经费设备，切实改进，使栽培科学化，改善品质，增加产量，使产销合作化，免除种种不合理之浪费，以减低成本，徽茶自可与日印锡诸茶角逐于国际市场，而恢复固有的地位。

最后又有不能已于言者，查徽属六邑茶的产量与品质，均以祁门、婺源两县为最著，休宁、歙县次之，黟、绩两县又次之。就中惟祁产红茶，余各地均产绿茶，而婺源茶较丰，约占徽属绿茶之半数，故徽州茶亦名婺源茶！因之本文所论各点，大概以婺祁两县为主。考婺源绿茶与祁门红茶，并驾齐驱，无分轩轾。今祁门红茶已有茶场设于其地，专负指导改良之责，前已言之详矣！而婺源绿茶，似尚无人顾及。故望茶场毋分畛域，将婺源绿茶列于研究范围以内，示以改进机宜，俾其得与外茶作正面之争衡，是婺源之幸！抑亦我国之幸也！谨拭目以待。

《徽光》1934年第2期

实业部指令农字第三四九六号

令中央农业实验所

呈一件：请派钧部科长兼本所技正张宗成赴安徽商办祁门红茶试验场敬候核示饬遵由。

呈悉。业派本部科长张宗成前往安徽商洽矣。仰即知照。此令。

中华民国二十三年六月十四日

部长陈公博

《实业公报》1934年第181—182期合刊

函全国经济委员会秘书处农字第三六〇七号

迳准函送会同拟订茶叶复兴准备工作之实施计划及祁门茶叶改良场委员会组织规程预算等希查照见复各等由兹派定祁门茶叶改良场委员会本部代表并请将规程内技师名义为技术主任又第七条之技师似可删去复请查照由。

案查前准贵处农字第四〇〇四号函送会同拟订茶叶复兴准备工作之实施计划，及祁门茶叶改良场委员会组织规程草案、预算书各一份，希查照办理见复。又农字第四五一号函，以前项计划组织规程草案预算书等，经签奉常务委员提于第九次常务会议，议决通过，函达查照各等由到部。正核办间，复准贵处农字第四六五号函，据农业处函称，召开祁门茶业改良场委员会筹备会议，将组织规程，略加修改，并缮两份，送请查照见复等由到部。兹派本部农业司司长徐廷瑚，中央农业实验所副所长钱天鹤，及汉口商品检验局技正吴觉农三人，为祁门茶业改良场委员会本部代表，并指定钱天鹤为常务委员。至所附各规程大致妥善，惟技师名称，因与技师登记法之技师相混，似可改为技术主任。又第七条之技师，于同规程无据，似可删去。除将原件存查外，相应复请查照为荷。此致

全国经济委员会秘书处

部长陈公博

中华民国二十三年七月二十三日

《实业公报》1934年第187—188期合刊

函全国经济委员会农字第三七四二号

据祁门茶业改良场委员会电恳转商就近刊发钤记等情抄同原电函请查酌办理由

案据祁门茶业改良场委员会常务委员许仕廉等，电恳转商全国经济委员会，就近刊发属委员会钤记，以便应用等情到部。相应抄同原电，函请贵委员会查酌办理。此致

全国经济委员会

附抄原电一件

部长陈公博

中华民国二十三年八月二十五日

《实业公报》1934年第193期

代电祁门茶业改良场委员会农字第三七四三号

电知所请转商就近刊发钤记一节已抄同原电转函全国经济委员会核办由祁门茶业改良场委员会览：代电悉。已抄同原代电，转函全国经济委员会核办矣。实业部印，二十三年八月二十五日。

附祁门茶业改良场委员会常委许仕廉等原代电。

实业部钧鉴：案查本会于七月二十八日成立后，曾经俭电陈报钧部备查，并请全国经济委员会就近刊发钤记在卷。嗣奉全国经济委员会东代电开：俭代电悉，所请刊发钤记，似可不必，嗣后行文，可以常务委员名义加盖私章等因，自应遵办。惟查本会组织规程第四条本会之职权：（一）审定祁门茶业改良场每年工作计划，及监督其实施。（二）决定场长人选。（三）审核该场经费之预决算等。此外复有请款拨款等手续，职责繁重，于应行文牍，苟不加盖钤记，殊不足以昭慎重。前次电请全国经济委员会就近颁发，未如所请，除再重申下情，并分电陈明外，理合电陈鉴核，敬祈俯赐转商全国经济委员会，仍恳就近刊发应用，实为公便。祁门茶业改良场委员会常务委员许仕廉、钱天鹤、刘贻燕全叩。

《实业公报》1934年第193期

督学章绍烈改进祁门县教育意见

本厅顷据本厅督学章绍烈呈送视察祁门县教育报告到厅，已令发该县政府遵办。兹录改进该县教育意见如次：

改进祁门县教育意见：

一、该县教育经费基金利息一项，内南乡乡立学校本银六百十八两，南乡奇峰塾学本银一百二十五两，南乡贵溪胡上祥祀本银二百八十二两，南乡平里集义店本银五十两均多年未付息金；又南乡溶口李葛峰祀及南乡严潭王宗绪息金亦均未缴。应限期追偿本利，由教育局另行存放殷实商店，立借据，定期限，缴抵押品。将欠款索清后再将所有基金一律由教育局收回存放。或另由局组织教育基金保管委员会办理。详细办法应由局拟订报厅核夺。

二、各乡学校所收茶捐，应由教育局依所订计划统收统支，以杜流弊，而增学款。

三、该县文约甚多，南乡文约每年收入达千余元，所余现款有二千余元，每年开会一次，聚饮累日，耗费三百元；北乡文约除经常收入外，亦有存款数千，无正当开支。此种款产有已捐助私校者，有未捐助者，应由县政府教育局，指定一律作为办理地方教育之用，不得由经营人员把持侵蚀。详细办法应由局拟订报厅核夺。

四、该县祠会产业亦多，应尽量劝导作办理私立学校之用。

五、学款增加，茶税统一以后，应在各乡区增设县校，以免有偏重城市教育之弊。

六、县立中心小学及女子小学经费太多，殊不经济。应自二十三年度起，中心高级两班，一为基本班年支六百元，余一班年支五百元；初级三班，基本班一班年支四百元，余二班各年支三百元。照原预算总数二千六百元，核减五百元。女小初级三班，基本班一班四百元，余二班各三百元。照原预算总数一千一百元，核减一百元。

七、各小学名称应遵照部章于本学期内一律改正，以期划一。

八、教育局应规定各校放忙假办法。其本学期开学甚迟而又放茶假之学校，暑假可不放假，于最热期间停课若干日，或下午放假，上午上课，星期日上午亦不宜放假。

九、各校以后于寒假期间应规定中高年级作业，并限令缴齐，作为平素成绩之一部。

十、各完小应组织教育研究会，研究改进校务及教务训育等事项。

十一、各校应尽量加入浙江杭州师范学校之教育函授班，并就近订阅浙江教育厅出版之进修半月刊。其他教育新书及刊物由教育局陆续设法购置，分配各区巡回阅览。

十二、各校自下学期起教学方面应备教学日录，训育方面平日应有实施训育的记载，学期终了应有考查之记载。

十三、各校应注意儿童训育，根据公民训练定每周训练之中心，举行训育周或训育月。

十四、各校应注意儿童课外活动，其组织不可复杂，所任工作大抵应关于清洁整理、秩序维持、图书管理、级务整理、园艺实习、讲演、周报等。

十五、各校应注意环境布置，课室内务求整齐清洁。不得置垃圾箱及茶壶牙刷等物。各课室均应备痰盂。

十六、各校应极力搏节办公费及杂费，规定最低限度之购置图书、仪器、标本、运动器具及教具等费用。

十七、县立中心小学应改进事项：

1.儿童阅览室应速为布置，陈列儿童读物，指导儿童课外自动阅读。

2.儿童迟至三月二十二日尚未到齐，应设法纠正，缺课过一学期三分之一者即予留级。

3.教学周录过于简单，格式应修改。

十八、县立女子小学应改进事项：

1.该校设备简陋，儿童课外读物未见一册，应设法添置。

2.三四年级合班课室太小，应设法迁移。

3.儿童课本迟至三月二十二日尚未到齐，以后应于开学前妥为准备。

4.教授作文及改订作文方法均不合，应加研究。

十九、三区区立小学应改进事项：

1.儿童人数甚少，应增收学生或并班。

2.教授作文方法须改良，作文题亦应研究。

3.儿童自修室每人洋灯一盏，空气甚坏，应改用煤气灯。

4.运动场应打围墙。

二十、私立育英小学应改进事项：

1.该校基金究竟若干？究系何项产业？应速报县府及教育局备案。校董私人捐助款项应确定数目。闻当地文社产业甚多，最好增加学校基金，取消私人捐款，以免日久发生问题。

2.该校设备费及办公费均应规定经费，列入概算，不得随意开支。

3.课桌不适用，应先将低年级课桌更换。

4.教员请假应予以限制，请假达一日者应请人代课或补课。

5.图书室应添置长凳，运动场应打围墙。

6.儿童人数甚少，应增收或并班。

7.自修室洋油灯应改用汽油灯。

二十一、私立古平初小应令遵照部颁课程标准实施，订课程表，选用教部审定之教科书，报儿童名册，筹措基金；否则即予取缔。

二十二、民众教育方面应改进事项：

1.各乡镇增设民众阅报处。

2.筹设民众学校。

3.民教馆应拟订每月工作计划；壁报应注意本省消息，并添科学常识一栏；乐器及游戏器具均应陈列，只能注意保管，不得收藏。

4.民教馆园丁勤务各一人，应减少一人。

《安徽教育周刊》1934年第58期

祁门红茶衰落之原因

价格低跌茶商亏损，现已拟具救济办法。

祁门红茶，为我国出洋箱茶之最高庄。自湘鄂赣红茶遭败后，在海外市场与日印锡爪茶做最后挣扎者，仅恃此祁红尚能保持原有地位，未即被其挤出耳。数年因受世界经济恐慌影响，销场价格，均一落千丈，前旧两载，受创尤大，茶商血本，完全耗尽。本外帮在祁营茶业者，咸告破产，茶工茶农，亦同遭困厄。向之露头角于欧美诸帮之祁门红茶，遂为灰，黄金色彩颓然就衰。该县县长余一清氏，鉴茶叶日就衰微，直接影响茶商，间接实苦茶户，改良产销，急不容缓，除迭与本邑茶商研讨救济办法，并拟具改进中国茶业意见书呈转实业部，为根本之救济，旋奉部批，以所陈均有见地，准予采择施行，现该意见书内容，大致分下列各点。

甲、关于茶叶贸易，有待政府改进之事项：一、于通商大埠，设立茶叶统制运销机关，直接买卖。二、设立对外宣传机关，使世界各国明了华茶之优点。乙、关于茶农与茶叶品质，有待政府改进之事项：一、派员指导茶农，组织各种合作社。二、举办茶农贷金。三、倡设茶事改良试验机关，以谋最高力种制方法之产生。

《国货半月刊》1934年第2期

安徽祁门县平里村、坳里村无限责任信用
运销合作社之调查

一、两社之组织缘起及目的

安徽祁门县素以出产红茶著名，农家兼营种茶采茶事业，为数极多，故茶产为该县主要农产品的一种，并占农民经济中最重要的位置。祁门红茶的品质优良，出产丰富，得美名于世界市场，有六十年来的历史。茶的产额，据前北京农商部第三次统计，年产总额约有三万八千五十四担，祁门茶税局民国三年统计，约有二万二千五十二担，安徽建设厅调查统计，约有二万二千二百零五担，去年出口总额，约有三万五千八百箱，即一万九千二百五十担，根据以上数字，祁门红茶出产额数，颇有低落，调查原因，约如下述：

(一)茶叶商店规模大小

祁门茶号大都资本薄弱，规模太小，原已不合现代商业组织与贸易上的竞争。近来茶产日见低落，茶号数目年有增加，与茶叶之产额比较，恰得其反。在民国十九年，全县计有茶号九十余家，民国二年，增至一百四十家，民国二十一年，竟达一百八十二家之多。据此推算祁门茶号的数目，年有增加，茶叶的产额，日见减少。茶号制茶的数量，自然减少，而茶号一切开支，仍须应有尽有，以致成本提高，价格因此增加，销额日形减少，在国内国外市场，日呈不景气现象。

(二)茶号资金困难

祁门茶商资金困难，本为极普遍的现象。在一般茶号中，除资本充足的一二家者外，均向上海茶栈贷款，月息一分五厘，就地付一信票，名曰"申票"。凡有债务之茶号，所有茶叶运至九江安全地点后，转运销售，皆受茶栈的支配，茶栈经手及剥削的费用，约占茶价百分之二十。此外上海售价，一任洋商操纵，市价涨落无定，不可捉摸。茶号既受茶栈的剥削，洋商的操纵，乃模仿其手段，用于茶农身上。例如收买毛茶，而用大秤，价格任意低压，智夺巧取，无所不为。茶农不堪茶号的剥削痛苦，遂不得不疏放茶园管理，夹种杂粮，粗放采择，增重分量，以致茶

产日减，品质日劣，如不急起改良，祁门红茶，恐将绝迹于国际贸易市场。

祁门红茶，每年产额日低的原因，约如上述。现在如果想改进茶产，减低成本，发展贸易，扩充销路，第一步当设法推行合作业于茶农便有健全的组织，同心合力，改善产叶运销，方见功效。安徽省立茶业改良场有见于此，乃于民国二十二年三月在祁门平里村一带，开始合作运动。同时为谋使农民认识合作事业起见，由该场场长私人筹款，特用平里村茶叶运销合作社的名义着手进行。该场主办的社，营业一年，获得盈余一成，分给茶户，于是合作社的功效，乃为农民所深悉。嗣即有坞里村农民自动要求茶场，代为组织合作社，同时平里村之合作社，亦正式成立。

二、合作社的内容

（一）性质。两社皆为无限责任信用运销合作社。

（二）注册日期。于民国二十二年十月二十二日在祁门县政府呈请注册当由该县政府转呈安徽建设厅备案，已于二十二年十二月三日发给登记证。

（三）社址。平里合作社设于祁门南乡之平里村，坞坞里合作社设于祁门南乡之坞里村，两村相距约有六里。

（四）社员。平里合作社有社员三十三人，坞里合作社有社员三十人。

（五）社内职员。平里村合作有主要负责者六人，坞里村有主要负责者三人，名单如下：

（甲）平里村章君觊"理事长"、章渭轩"理事"、章绮琴"监事长"、章信予"司库"、盛保安"监事"、章子琴"社员"。

（乙）坞里村章日清"理事长"、章济清"司库"、章浩清"监事长"。

（六）社股。

（甲）平里村合作社共认一百九十五股，每人已实缴一股，计已收到三十三股，每股五元，计一百六十五元，该款暂存乾大杂货号二月份起即可起息。

（乙）坞里村合作社共认九十股，每人已实缴一股，计已收到三十股，共计洋一百五十元，该款现由理事长章日清保管。

（七）社员之田产及其收入。社员田产平里村合作社全体社员共有茶地一百六十四亩，计茶株九万一千五百余丛，每年可产毛茶八十九担，此外尚有稻田山地六百余亩，每年收获，总额计稻一千余担，茶油三十余担，桐子六十余担，出售产品值洋六千三百余元。坞里村合作社全体社员共有茶地一百四十三亩，约计茶株三万五千丛，每年可产毛茶七十余石，此外尚有稻田山地约二三百亩，每年出产总值约计洋三千三百五十元。

（八）房屋及制造器具。平里合作社所有用之房屋与所拟用制茶器具均为一部分社员的私产，除房屋系借用者外，一切制茶器具值洋八百余元，坳里村合作社房则系借用祠堂，制茶器具为章日清个人私产，估计值洋四百余元。

三、两社营业之经过及将来之计划

（一）营业经过。当去年三月间茶业改良场发起组织茶叶合作社时，农民知识浅陋，多不信任，参加不甚踊跃，一切手续，均难照章进行，只得由场方筹资，按市场价给予十足茶价。同时为将来分配盈余起见，特发给茶农售价登记证，载明茶叶数量价格、售户姓名等项。四月间，开始制茶，至五月间，第一批制成春茶十五担，第二批制成箱茶十五担，售价每石为一百七十元，至八十五元。前后两批红茶，共售洋三千八百二十五元，除制茶运输及装潢各项开支外，尚获盈余五百七十八元。六月二十四日，召集社员大会，按照社员茶价额，分配红利。是年当地茶商因受中间商人之剥削，无不亏本，该社能排除中间商人之剥削，减轻成本，独获盈余。经此以后，当地茶农对于合作社之功效，乃为重视。同时对于茶场之信仰，已有增进，纷纷要求组织合作社者，计数已有十处之多。但是该场为慎重起见，力求目的纯正，份子优良，现仅担任平里坳里二合作社之指导，一俟基础稳固，成绩圆满，再行扩大。

（二）将来计划。平里坳里两合作社成立未久，一切将来计划，大都由茶业改良场，代为拟就，兹据茶场报告于下：

（甲）生产方面。当地茶农对于茶株向不修剪，茶叶品种，从不注意。现平里坳里二社，拟对于社员茶园所种茶株分为好株劣株二种，好株暂不修剪，劣株先行修剪，其他施肥除草工作，好株劣株同样办理，俟试验有成绩，再行推广，以期增加收量。对于茶苗拟由茶场选择优良种子，分发社员栽植，以期改进茶叶品质，并采用条播方法，使茶株整齐一律，以免茶株距离错乱的弊病。

（乙）制造方面。当地制茶，概用手工，亦有用足揉捻者，既不卫生，又损品质，本年两社制茶，暂向茶场借用机器揉捻，社员不须自制，可将茶草送至社中代制，出品较手工制为良，并谋利用室内发酵，代替日光发酵，以补救无日光时茶草发酵之便利。

（丙）运销方面。平里坳里两社装制红茶，以半数五磅十箱及一磅盒，向国内国货公司销售，并与美国（China Store）接洽，直接销售。

（丁）业务方面。平里坳里二社制茶，均由茶场协助进行，如本年成绩良好，来年决添收社员，扩大组织预计，一二年内，平里合作社社员人数，可加至一百三十余人，制茶四百箱，坳里合作社坳人数，可加至百人，制茶三百箱，并须加紧社员训练，力求组织健全，以期业务逐渐发达。

《农友》1934年第3期

祁门茶歌

朱毓乔

（一）

高山有好水，平地有好花，祁门有美女，深山出好茶。

美人采香草，无钱莫想他，你若要想他，白作一春茶。

（二）

小小茶筣矮登登，手扶茶筣叹几声。清早采茶采到晚，晚上炒茶到五更。

姐叫亲哥不用焦，你的盘川我办到。簪子首饰与你当，细茶尖子与你挑。

明年三月又来了。

（三）

摘茶女子真柳细，红头绳扎半截，花手巾抱点心，走进茶号笑嘻嘻，拣四两算半斤，茶号管事真开心。

《农友》1934年第8期

红茶筛分法之研究

傅宏镇

茶之品质之良否，须视天然叶质如何而定，但制法之精粗，亦足以转移之。考我国茶之制法最古，而且最精密，为任何产茶国所不及。惟其全用手工制造，速度甚为迟缓，且手续繁复，名类庞杂，徒然耗费时间与经济，不能如印锡各地之利用新式机械，其规模之大，制法之巧，速度之快，成本之低，又非我国茶所能抗衡也。

制茶之最大工程为筛分，其目的在使大小不齐，形状不整之梗朴、破叶，以筛别其精粗，整其形状，使之匀净整洁。惟此项手续，至如繁难，大别分为筛、扬、拣等法。筛者别其等次，扬者去其轻片，拣者剔除茎梗。兹为研究起见，不厌其详，特将红茶筛分次序，分述于后，以为异日采用机制茶之参考，何者宜保留，何者宜改进，庶可有所依据，藉示我国红茶旧式筛分之精密也。

（1）毛茶经老火之后，即须开筛，先用四号筛筛之，筛不下者即筛面茶，盛以布袋，在石板上轻轻打之，使茶之相连者分开，粗大者细小，俾能通过筛眼，后复用原四号筛再筛之，筛底茶，再用三号筛捞筛（注一）专做捞梗工作，筛不下者为茶梗，另置一处作梗子用。

（2）凡经过捞筛，筛底茶统发拣厂，交女工拣净。

（3）拣净之茶，用五号筛起至十号筛止，分筛之。其次序以五筛筛底交六筛，六筛筛底交七筛，换言之即六筛乃筛五筛之筛底茶，八筛则筛七筛之筛底茶，共七、八、九、十等筛，均依次递交至五号筛，筛存于筛面之茶，另放一处，曰五号茶，或名大茶。六号与七号筛面茶，亦须另置一处，名为六号茶、七号茶，或名二茶、三茶均可。

（4）以上五、六、七三号茶，须过簸盘簸出轻片破叶，分别装出后，五号茶用六号筛抖筛（注二），六号茶用七号筛抖筛，七号茶用八号筛抖筛，抖不下之五、六、七三号头子，混合堆存一处，筛底扇过粗风扇（注三），须扇出单黄片，分出正子口，查风扇计有三口，第一口为正口，第二口为子口，第三口在车尾，为次子口，正口所出之茶为净茶，子口所出之茶，乃半实半飘之茶，尚须复加筛分，交尾子间重制，次子口为轻飘片末，即花香。至扇过五号茶，用四号筛撩筛（注四），撩头（注五）同抖头（注六）一次同做。又扇过六号茶，用五号筛撩筛，撩头与抖头同做。又扇过七号茶，用六号筛撩筛，撩头亦与抖头同做。以上三号净茶，又用正七号筛（即紧门筛）抖一次，五号茶用四号筛撩筛，六号茶用五号筛撩筛，七号茶用六号筛撩筛，筛底净茶可无庸再拣，如夹杂物不净再复拣一次亦可，此时可算一部分成功，各别装袋补火（注七）均堆（注八）矣。

（5）簸盘械前之茶，与前之风扇子口之茶，一同做尾子，以布袋打之，打后分筛，自六筛起经七、八、九筛止。六号筛筛面茶，用七号筛顿筛（注九），顿不下做花香。七号筛筛面茶，用八号筛顿筛；八号筛筛面茶，用九号筛顿筛；九号筛筛面茶，用十号筛顿筛，各筛顿不下者，统做花香。至每号筛底茶，须各别分开发上子口风扇（注十），分出正子口，正子口所出之茶，用袋装好，补火均堆子口所出之茶做花香用。

（6）第三项八号筛筛面茶曰八号茶，九号筛筛面茶曰九号茶，十号筛筛面茶曰十号茶，或名四茶，五茶六茶亦可，惟十号筛底茶即花香，再以十号茶用八号筛撩筛，撩头入九号茶，至筛底茶用子口风扇扇过，分出正子口。九号茶，用七筛撩筛，撩头入八号茶，八号茶用六筛撩筛，撩头再做。至九、八两号筛筛底茶，均各用子口风扇扇过，分出正子口。以上八、九、十三号正口净茶，各别分装补火均堆。

（7）八、九、十三号茶，扇出之子口，统用七号筛切筛（注十一），筛面茶做花香。筛脚茶用九、十两号筛切筛，筛底茶分别装袋补火均堆。

（8）第一项梗子茶，先用八号筛切筛，此时切存于筛上者，全系梗子，筛底茶用打头袋打之，用八筛筛之，筛面不要，筛底茶用八、九、十三号筛撩筛，各号撩头，不要撩脚，又以八号筛头筛，复用簸盘簸扬械，前者不要做花香。械盘内做梗子，此时取得之芽茶，补火均堆。查此项工作系由司烘者负责，果能善用此种工夫，则米茶折头大蚀耗少矣。

以上各项做好之净茶，即行补火，补火后再清风（注十二）一次，设双片多者，宜在械簸上清风，然后均堆装箱出售，而红茶之大功告成矣。

（注一）"捞筛"婺源帮称为撩筛，休宁帮称为平筛，分毛盘、净盘两种。

（注二）"抖筛"分大吊筛、手筛两种，大吊筛用绳系，筛于板条之上；手筛即普通小筛，以双手捧筛，略向前倾斜，上下前后震动之。

（注三）"粗风扇"系扇五、六、七三号茶。

（注四）"撩筛"同（注一）。

（注五）"撩头"即撩筛，撩不下去之筛面茶。

（注六）"抖头"即抖筛，抖不下去之筛面茶。

（注七）"补火"茶经足火之后，在筛分时不免吸有水分，故于装箱之前，须再补烘一次，名为补火。

（注八）"均堆"凡五号筛做好之净茶，须均成一堆，使所有茶叶上下搅拌均匀，粗细一律。

（注九）"顿筛"河口帮称为飘筛。凡做尾子茶，如风扇之子口茶，簸盘之械前茶，以布袋打过之后，即须用顿筛发顿之，使轻飘者，全顿于筛上，而集于筛之中部者，取出做花香用。

（注十）"子口风扇"系扇五、六、七、八、九、十等号茶之子口茶，在做大批茶，风扇须要两座，分粗风扇与子口风扇两种，以便工作，而增效率，箱数少者多不分。

（注十一）"切筛"其目的在分圆形及长形两种，使圆者切存于筛面，长形者切于筛下耳。

（注十二）"清风"目的在重复扇出，破片轻叶等之夹杂物，务使整洁。

祁门平里茶叶运销合作社报告书

子 良

一、合作社的缘起及经过

茶业为什么要有合作组织：

（1）目的在自有生产，自行制造，自为运销；使茶之企业，成有系统之经营。

（2）消极的作用，避免种种中介商人的从事剥削；积极的作用，集中力量，改善植制。

（3）茶叶由合作□成有利益生产事业，渐以达到茶户经济生活及文化生活之向上。

平里合作社的权宜创设：

本场前年成立之初，即倡导合作，不遗余力。茶户虽属同情，但不敢轻于尝试。辗转数月，终没有人出来负名义组织。茶期开始了，我们认定真理当前，势在必行，毅然决然来了个极权宜的办法：

（1）对外成立了合作社的名义；对内全由本场同人主持一切。

（2）借入资金，十足付价，从事毛茶的收买。凡是来卖茶的，一律认为社员。

（3）买茶付清了茶价，概予登记，并发收据，记明数量及价格；声明只有享受盈余的权利，没有担负亏折的义务。

这种"有亏无利试办合作"，自是一种很有危险性的创举。后来在祁门红茶的商家经营普遍不利的年头，居然奏了相当的特有成效。

本"报告"的一切，都是限于"试办"时代的事迹。

办理的经过：

合作社址，设于本场。另于双凤坑设一分庄，添收毛茶。为树立合作社的基础起见，进货以及制茶，特由平里老于茶事的章绍周先生负责；分庄由章俊之及章嘉文两先生负责。并请茶号经营的老专家章藻芹先生及章梅轩先生做顾问，社内所有事宜，由本场同人分担；上海卖茶，由吴场长主持。

资金的来源：一部分由本场同人积欠了四个月才发下的薪金垫付，一部分由吴场长私人垫出。用了三千多元，只有一千元是由外借来的，但仍用私人名义。

从四月二十七日开始收卖毛茶到五月三日止，精制了"头批"三十箱。五月四日至十一日止，是"二批"二十九箱，并所有的副产品，花香，茶梗，乳花，先后运沪卖出。一账算了出来，居然盈余二百三十八元七角五分。

于是在子茶后的七月初，召集了社员大会，分发从价百分之十的红利。就中本场的茶，并少数社员有特殊的情节，并社员贩卖来的，未曾发给。红利发了之后，举行大会，报告经营的实际概况。同时声明合作社应即交与社员自理，本场处于极端的指助地位。当场即有多数社员签名，并推定筹备人员，随即正式成立。祁门境内，同时也风起云涌样的响应起来了。祁门正当合作的前途，颇有乐观的希望。要说这完全由于这"试办合作"的促成，似乎很是不可争的事实。

二、毛茶与精茶及其副产的数量比例

祁门红茶制造：生叶加以萎凋，经过揉捻，气干，以至发酵为止，由种茶的园户施行，谓之初制。初制品不行烘干，即以出售，谓之毛茶。就收买的毛茶，经过烘干，加工制造，谓之精制。精制的精茶，谓之正装。其他尚有三种副产：末子叫做花香，茶茎叫做梗子，茶子叫做乳花。

精茶与副产的多寡：如花香一项，一部分由于采摘不精，一部分由于制造的不得法，其他全是采摘关系。这是一个很严重的问题，亟须注意。这些比例的研究，很是烦复，即当地用秤，有种种的不同。收买毛茶，用的是二十二两（或二十三或二十四两）；副产运出，亦是二十二两；精茶用十八两。合作社，也权依这办法的。本文比例计算，一律用精茶十八两秤为标准。

第一批毛茶，二千八百四十七斤，加九八（即百分之二）扣样，应有五十七斤，合计二千九百零四斤。折合精茶用秤，得三千五百四十九斤。精制结果，装箱三十，每箱四十六斤，计一千三百八十斤；又样品分布及交换，并宣传、陈列、研究等等用的八十五斤，合计一千四百六十五斤。这头批精茶的数量，占毛茶的百分之四一点二八。即毛茶一担，制精茶四十一斤四两五钱。

二批毛茶二千五百九十三斤，加扣样五十二斤，合计二千六百四十五斤。折合精茶用秤，三千二百三十三斤。精制结果，装箱二十九，每箱四十四斤，计一千二百七十六斤。又研究等用途三十斤，合计一千三百零六斤。这二批精茶数量，占毛茶的百分之四四点四〇。即毛茶一担，制得精茶四十斤零六两四钱。

花香用毛茶秤，计六百二十五斤（运上海卖出的六百斤，留下研究用的二十五斤）。头二批毛茶总计五千五百四十九斤。花香数量，占毛茶的百分之一一点二六，即毛茶一担，有花香十一斤四两二钱。再花香折合精茶用秤为七百六十四斤，精茶两批共计二千七百七十一斤，占百分之二七点五七。

梗子，毛茶大秤六十八斤，占毛茶的百分之一点二三，即毛茶一担，有梗子一斤三两七钱。折合精茶用秤，计八十三斤，占精茶的百分之二点九九。

乳花，毛茶大秤四斤四两，占毛茶的百分之〇点〇八，折合精茶用秤五斤四两，占精茶的百分之〇点一九。

以上精茶及花香、梗子、乳花共计三千六百二十三斤四两，占毛茶六千七百八十二斤的百分之五三点四二，又精茶两批共计二千七百七十一斤，平均占百分之四〇点八六，即平均毛茶每担，得精茶四十斤零十三两八钱。副产共计八百五千二斤四两，占毛茶的百分之一二点五六，精茶的百分之三〇点七六。

准此推算，四斤生叶制干茶一斤，精茶及副产共计三千六百二十三斤四两，应有生叶一万四千四百九十三斤。就中精茶二千七百七十一斤，两数相除，所得为一与五点三二相比，既精茶一斤，须生叶五斤三两七钱。再就生叶一万四千四百九十三斤，毛茶六千七百八十二斤，推算生叶制毛茶，两数相除，为一与二点一四相比，即毛茶一斤，须生叶二斤二两二钱。不过精茶在制造中，尚有些许的无形的折耗。

此外尚有一事，祁门普通茶制茶，毛茶一担，制茶一箱，是一般的标准。合作社收买毛茶，较为认真。头批二十二两大秤收入毛茶二千九百零四斤，制成十八两秤一千四百六十五斤，占百分之五〇点〇四，即五十斤零六钱四分。二批毛茶二千六百四十五斤，精茶一千三百零六斤，占百分之四九点七五，即四十九斤十二两。

三、经营的提要

经营上的经济部分，虽已有了收支的种种表格。但为便于研究，再加些扼要的说明。

子、人工。

普通茶号，规模最小，至少要用职员八个人。薪金伙食，每人平均以三十元计，即须二百四十元。我们只用了三个人，支薪金七十二元，伙食二十四元，合计九十六元。将来的合作社，不必设分庄了，四人满可从事经营。即支薪给，连同伙食，有九十六元就满够了。

制茶的技工，一般每季一人十箱。此次五十九箱，用了八个人，实浪费了四分之一，那一百八十元（所有开支的总数，在引用时，以元为单位，一律用四舍五入法），尚可减少四十五元。拣工亦有浪费，再以四分之一计，八十四元中，又有二十一元。

丑、资金。

茶号向茶栈借款，月息一分五厘。卖了茶后，往往要经两个月才结账。这就是说，事实上要负额外的利息两个月。合作社这一次的经营，资金大部分无利息，借的一千元，照月一分，按日计算，凡四十日，只付息金十三元。今后这样规模的小合作，应借入三千元，一借一还，即以两个月算，利息不过八厘。合计起来，四十八元够了。至于平时还有通融可能，更非茶栈所能及了。

茶栈借三千元，两个月即须九十元。再加两个月的延误，又是九十元。两项合计，便是一百八十元。

寅、经费。

祁门茶的运出，无不抢先。由祁门运到鄱阳，内河小船行包装制度。头批三十箱，用了四十一元，一箱合一元三角七分。二批二十九箱，因有花香同运，只摊二十二元，一箱不足七角六分。合作有共通的联络，将来更可有绝大的减少。

卯、卖茶。

这是最值得研究的大问题！头批茶每箱十八两的大秤四十六斤，合收买的磅是：

磅数	箱数	共计	减少一箱	量共计
71.0	12	852.0	——	——

磅数	箱数	共计	减少一箱	量共计
70.5	4	282.0	0.5	2.0
70.0	9	630.0	1.0	9.0
69.5	1	69.5	1.5	1.5
69.0	1	69.0	2.0	2.0
64.0	1	64.0	7.0	7.0
63.0	1	63.0	8.0	8.0
56.0	1	56.0	15.0	15.0
合计	30	2085.5	——	44.5

这最高的是七十一磅，秤磅换算，很是相合的了，就是箱子原是有了些损破，少去四十四磅半（三十斤六两），不能说是怎样的不实不尽。每斤一元六角，实际损失共计五十三元四角。

此外尚有三种吃扣：

吃磅。每箱三磅，合计九十磅，计洋一百零八元。

扣息。付出茶价，扣除千分之五，谓之九九五扣息，扣去十一元九角七分。

打包。每箱一角一分二厘，扣去三元三角六分。

二批茶整卖的二十七箱，每箱大秤四十四斤，应有六十八磅（五十一斤）。过磅之前，下了样茶一箱不算数，八角二分一斤（十六两秤）。这就吃去四十一元五角八分，二十六箱过磅，最高的是六十五磅，每箱少了三磅，这是所谓"暗吃磅"，共少七十八磅，计洋四十七元九角七分。六十五磅一箱，还应有一千六百九十磅，但只得一千六百五十八磅了，又少去三十二磅，计洋十九元六角八分。吃磅七十八磅——明吃磅——又是四十七元九角七分，九九五扣息，四元八角六分，打包二元九角一分，修箱二元一角。回佣一元八角二分，这二批比头批吃亏就更大了。

花香计有一千一百三十磅，卖的结果，明吃磅及暗吃磅不分，去了一百三十一磅，只有九百九十九磅了。七五折斤，七百四十九斤四两，每担十二元，仅得价八十九元八角八分。九五扣，去了四元五角，为八十五元三角八分。再行九八扣佣，又去了一元七角一分。茶梗及乳花（茶子）计一百三十六磅，只有九十四磅了，算价十元零五角八分，九五扣，去了五角四分，再九八扣，又是二角。

综合以上种种情形，我们做成下列的一个比较表：

项别		头批	二批		花香	茶梗及茶子	备注
			整卖	零卖			
箱数		30	27	2	9	1	
原磅数	每箱	71.0	68.0	68.0	不等	136.0	
	合计	2130.0	1836.0	136.0	1130.0	136.0	
扣样	磅数	无	68.0	无	？	？	
	占原数/%	无	3.70	无	？	？	
过磅数	每箱	71.0—56.0	65.0—？	68.0	不等	94.0	
	合计	2085.5	1658.0	136.0	999.0	94.0	
两比减少数	明少	44.5	32.0	无	131.0	42.0	
	暗少	无	78.0	无	？	？	
	共计	44.5	110.0	无	131.0	42.0	
	占原数/%	2.09	5.99	无	11.59	30.90	
吃磅	明吃 每箱	3.0	3.0	无	？	？	
	明吃 合计	90.0	78.0	无	？	？	
	暗吃	无	即暗少	无	？	？	
	共计	90.0	78.0	无	？	？	
	占原数/%	4.23	4.25	无	？	？	
折斤算价	磅数	1995.5	1580.0	136.0	999.0	94.0	
	用七五扣斤	1496.6	1185.0	102.0	749.3	70.5	
	每百斤价/元	160.00	82.00		12.00	15.00	
	共计/元	2394.60	971.70		89.88	10.58	
数量损失总计	磅数	134.5	256.0	无	131.0	42.0	
	七五斤扣	100.9	192.0		98.3	31.5	
	银数	161.44	157.44	无	11.79	4.73	
	占原数/%	6.32	13.94	无	11.59	30.90	
	占过磅数/%	6.45	15.44	无	13.11	44.68	
	占算价数/%	6.74	16.20	无	13.11	44.68	
付价折扣	九九五扣	11.94	4.86	无			
	九五扣	无	无	无	4.49	0.52	
	打包	3.36	2.91	无	无	无	

项别		头批	二批		花香	茶梗及茶子	备注
			整卖	零卖			
付价折扣	修箱	无	2.10	无	无	无	
	七分箱扣	无	1.82	无	无	无	
	佣金	无	无	无	1.70	0.22	从价九八即2%
	共计	15.30	11.69	无	6.19	0.74	
	占算价/%	0.64	1.20	无	6.89	6.99	
实得银数		2379.30	960.00		83.69	9.84	
量价损失合计	银数	176.74	169.13	无	17.89	5.47	
	占实得/%	7.43	17.62	无	21.38	55.60	

这表中的数字，尚有几点，得加说明：

（1）头批原重两千一百三十磅，七五折斤，计有一千五百九十七斤半。一百六十元一担，应值二千五百五十六元，实得是二千三百七十九元三角，故每担只得一百四十九元——即每担损失了十一元。

（2）二批整卖二十七箱为一千八百三十六磅，计一千三百七十七斤。八十二元一担，应得一千一百二十九元一角四分，实得九百六十元，每担只有六十九元七角一分——即每担损失十二元二角九分。

（3）花香一千一百三十磅，计八百四十七斤半。十二元一担，应得一百零一元六角，实得八十三元六角九分，每担只得九元八角七分。

（4）茶梗及茶子一百三十六磅，计一百零二斤。十五元一担，应值十五元三角，实得九元八角四分，每担九元六角五分。

我们再就祁门茶号卖茶的调查试举一家，也仅是先后两批的。依据前表，列表于下：

项目		头批	二批	备注
箱数		63	55	
原磅数	每箱	72.5	68.0	
	合计	4567.5	3740.0	
扣样	磅数	72.5	68.0	
	占原数%	1.59	1.82	
过磅数	每箱	不明	不明	

项目			头批	二批	备注
	合计		4358.0	3468.7	
两比减少	明少		237.0	203.3	明少暗少不分
	暗少		?	?	
	共计		237.0	203.3	
	占原数/%		5.19	5.44	
吃磅数	明吃	每箱	3.0	3.0	
		合计	186.0	162.0	
	暗吃		?	?	即暗少
	共计		186.0	162.0	
	占原数/%		4.07	4.33	
折斤算价	磅数		4072.0	3306.7	
	用七五折斤		3054.0	2480.0	
	每百斤价		142.00	87.0	
	共计/元		4336.68	2157.60	
数量损失总计	磅数		495.5	433.3	
	七五折斤		371.6	325.0	
	银数		527.71	282.75	
	占原数/%		10.85	11.58	
	占过磅数/%		11.75	12.49	
	占算价数/%		12.17	13.10	
付价折扣	九九五扣息		21.68	10.79	
	打包		6.94	6.05	每箱一角一分二
	楼磅		1.30	1.13	
	公磅		2.17	1.08	
	修箱		5.21	16.54	
	补办		14.20	8.70	
	□破代补		28.40	17.40	
	律师		0.69	0.61	
	思恭病院		0.88	0.77	

项目		头批	二批	备注
付价折扣	公估	0.38	0.33	
	焊口	1.40	1.40	
	钉裱	3.53	3.08	
	航空	2.17	1.08	
	同乡捐	0.88	0.77	
	叩佣	86.73	43.15	
	税息	2.11	3.05	
	检验费	3.50	2.60	
	栈租	——	——	
	保安	8.67	4.32	
	保税	——	——	
	九江佣费	——	——	
	水力	——	——	
	出店	0.88	0.77	
	共计	191.72	123.62	
	占算价数%	4.4	5.73	
实得		4144.96	2033.98	
量价损失合计	银数	719.43	406.37	
	占实得/%	17.36	19.98	

第一批原量四千五百六十七磅半，七五折斤有三千四百二十五斤半。一百四十二元一担，应值四千八百六十四元三角九分，实得四千一百四十四元九角六分，每担损失二十一元——实际只一百二十一元一担。

第二批三千七百四十磅，计二千七百零五斤。八十七元一担，应值二千四百四十元零三角五分，实得二千零三十三元九角八分，每担损失十四元四角九分——净得不过七十二元五角一分罢了。

至于两项卖茶的结果，读者可以自行比较。但尚有一点，应予特别提出，即两宗头批，同是一个售主。这茶号的茶价，并有五百元，经手茶栈作了"外快"。这个数字，占实得百分之一三。

我们根据上列卖茶的结果观察，损失最大的是数量。祁门茶叶经营者，收买毛茶用二十二两大秤；精茶装箱，用的是十八两。并且这十八两，还是漕平的斤两。精茶所以用这样大秤的，即意在卖出时候，求得担数的大致相同。即如合作社及祁门某茶号的茶，两样斤数如下表：

卖茶者	批别	十八两原斤数	十六两算价数	两比	
				多	少
合作社	头批	1380.0	1496.6	116.6	——
	二批	1188.0	1185.0	——	3.0
某茶号	头批	2961.0	3054.0	93.0	——
	二批	2420.0	2480.0	60.0	——

合作社的头批，所以特好，即因售主既没有除样，又没有暗吃磅，手段正常。二批特别吃亏，因为只有二十七箱，售主除样茶一箱，损失太大了。

四、盈余的探讨

合作的盈余，计有二百三十八元七角五分。但实际上并不止此数，第一批尚有布样及研究等用的十八两秤八十五斤，折合十六两不下九十六斤。一元六角一斤，应值一百五十三元六角。二批三十斤，合三十四斤。八角二分一斤，值二十七元八角八分。花香二十二两秤二十五斤，合三十五斤。一角二分一斤，值四元二角。以上三项，共值二百三十五元六角八分，故实际盈余了二百三十八元七角五分，加上应视作盈余二百三十五元六角八分，合计四百七十四元四角三分。

二十二年，祁门茶号的经营不折本的，简直可以说是没有。合作社独能例外，只是这两个原因：经营上的浪费较少；卖茶上的折扣较轻。

但是前者的原因，还不十分重要，后者可就大了。

安徽省祁门县平里村茶叶运销合作社收支总表

收入部分

卖茶价金	头批茶		2394.60
	二批茶	整卖	971.70
		零卖	102.00
	花香		89.88
	茶梗及茶子		10.58
	共计		3568.76

支出部分

毛茶收买	头批	1390.79
	二批	875.27
茶箱		146.32
添修		38.03
柴炭		30.00
员工薪金	职员薪金	36.00
	制茶技工薪金	181.08
	拣茶工薪金	83.60
伙食		67.09
捐税		54.32
运费	头批	103.90
	二批	71.88
	花香及其他	32.04
旅费		31.54
汇水		26.70
邮电		12.80
杂支		42.89
分庄开支		63.71
卖茶折扣		33.92
借入资本利息		13.33
共计		3335.21

收入对比

收入总数	3568.76
支出总数	3335.21
两比盈余	233.55

附盈余支配表

收入部分

盈余金额	233.55
共计	233.55

支出部分

社员红利	134.78
赞助者酬劳	20.00
工人酬劳	30.00
公积金	48.59
共计	233.37

祁门平里茶叶运销合作社支出细账
毛茶收买

第一批

日期 \ 项目	数量/斤			价格/元			
	社员	茶场	共计	社员	茶场	合计	
4月27日	15.0	38.0	53.0	6.79	18.93	25.72	以下毛茶由本庄收进
4月28日	——	14.0	14.0	——	7.00	7.00	
4月29日	73.5	64.0	137.5	39.66	35.84	75.50	
4月30日	16.0	36.0	52.0	9.28	20.16	29.44	
5月1日	41.5	59.5	101.0	22.56	33.32	55.88	
5月2日	118.0	41.0	159.0	52.71	22.27	74.98	
5月3日	938.5	118.5	1057.0	432.46	57.32	489 .78	
4月30日	388.0	——	388.0	220.15	——	220.15	以下由分庄收进
5月3日	422.0	——	422.0	191.02	——	191.02	
5月3日	463.0	——	463.0	221.32	——	221.32	以下由社员代收
总计	2475.5	371.0	2846.5	1195.95	194.84	1390.79	

第二批

月日 \ 项目	数量			价格			
	社员	茶场	共计	社员	茶场	合计	
5.4	30.0	47.5	77.5	12.23	21.96	34.19	以下本庄收进
5.5	177.5	84.0	261.5	64.77	31.91	96.68	
5.6	197.5	54.0	251.5	63.67	18.28	81.95	
5.7	——	52.0	52.0	——	17.28	17.28	
5.8	——	75.0	75.0	——	24.75	24.75	

5.9—11	——	457.0	457.0	——	137.25	137.25	
5.5	614.5	——	614.5	232.67	——	232.67	以下分庄收进
5.6	290.5	——	290.5	94.05	——	94.05	
5.9	503.5	——	503.5	156.45	——	156.45	
总计	1813.5	769.5	2583.5	623.84	251.43	875.27	

茶箱

木框	60个	36.00	每个6角
锡罐	60个	87.00	每个1元4角5分
表芯纸		3.50	糊裱箱罐用
桑皮纸	6刀	4.22	同上每刀七角,送力2分
花纸	100副	8.00	同上每副8分
横江纸	2刀	7.60	同上并衬盖茶叶
合计		146.32	

说明：（1）每个平均价值二元三角五分五厘。（2）尚有麦粉钉口钉，及其他用费，入杂支中。

添置修理

月日	要项	数目	单价	总价	
4月10日	火锹	1	0.68	0.68	
4月10日	火刀	2	0.65	1.30	
4月12日	大号茶秤	1	1.20	1.20	
4月12日	中号茶秤	1	1.00	1.00	
4月12日	小号茶秤	1	0.50	0.50	
4月12日	铁瓢	2	0.24	0.48	
4月12日	打袋	2	2.39	4.77	布1.77元,线0.40元,做工2.60元,合计为上数
4月13日	茶筛	8	——	20.10	价格颇参差合计如上数
4月15日	用具租金	——	——	8.00	
共计		——	——	38.03	

柴炭

项别	数量/斤	单价/元	共价/元
柴草	600	300	2.00

木炭	3500	80	28.00
共计	——	——	30.00

员工薪资

职员

职别	姓名	金额/元	
管庄	章绍周	36.00	
本庄司秤	章绍周	——	
本庄司账	潘忠义	——	不支薪金
分庄司秤	章俊之	——	20元入分庄使费中
分庄司账	章慕文	——	16元入分庄使费中
共计		36.00	

茶工工薪

（单位：元）

4月21日	正工价	30.00	
5月1—8日	夜工酒资	2.56	
5月10日	官堆	1.33	头批茶
5月9—14日	夜工酒资	0.93	
5月16日	正工价	130.00	连4月21日所付30元共160元，茶工8名，每名20元，合如上数。
5月16日	酒钱	8.00	茶工8名，每名1元，合如上数。
5月16日	做花香	3.50	花香5担，每担7角，合如上数。
5月16日	官堆	1.56	二批茶
5月16日	旅费	3.20	茶工8名，每名4元，合如上数。
合计		181.08	

拣工工薪

（单位：元）

5月4—6日	外拣夜工	4.96	外拣即临时拣工，按斤计值
5月7日	外拣日夜工	28.10	
5月4日	外拣	0.92	
5月11日	外拣	2.10	

5月12—13日	外拣	10.12	
5月13日	内拣夜工	0.60	
5月13日	内拣正价	36.00	内拣即包工,按季论值,内拣共6名,每名6元,合如上数
5月13日	工头佣金	0.40	内拣有工头1名,代招4名,每名1角,如上数,又1名由直接雇人者
5月15日	内拣酒资	0.40	内拣6名,每名200文,合如上数
合计		83.60	

员工伙食

人别	人数	金额	
职员	1	8.00	每人8元,尚有2人入分庄使用中
技工	6	28.00	每人3元5角
拣工	8	21.00	每人3元5角
其他	——	10.09	各项工人
共计	——	67.09	前3项系估计

各项捐税

地方捐	35.40	59箱每箱6角
杂捐	3.98	
平里防务捐	14.94	
营业税	——	税率从价千分之五,实征每箱3角,本社由财政厅特许免征
合计	54.32	

说明:(1)每箱平均九角二分一厘。(2)运经江西,尚有印花税,每箱二分,并塘工捐等,入运费中。

运费

头批茶

祁门到鄱阳	40.00	30只茶箱包装1船
酒钱	1.00	
鄱阳到九江	16.20	经手人未交细账
在九江用费	3.00	合右
九江到上海	32.70	以下为源丰润茶栈接手
转力	6.00	

出店	0.52	
保险	4.00	
报费	0.48	
合计	103.90	

说明：（1）三十箱，平均每箱三元四角六分。（2）两箱一担，每担六元五角六分。

二批茶

祁门到鄱阳	21.33	二十九箱，外连花香十袋，共装一船，包价三十二元，以三分之二计
酒钱	0.47	实付七角，以三分之二计
鄱阳到九江	10.00	原十五元花香在内，以三分之二计，由汪永昌船行代理，清单未交，细账不明
过船费	1.59	由民船卸过江轮码头，此下各项花香不在内
钉裱	0.87	据称箱子有破损者
码头力钱	0.93	
湖口塘工捐	0.12	
汇水贴现	0.04	以上5项由慎源茶栈经付
九江到上海	31.55	源丰永茶栈经付
上下力	0.87	同上
报关	0.98	同上
卖后送力	3.13	自理
合计	71.88	

说明：（1）二十九箱，平均每箱二元四角八分。（2）两箱一担，每担四元九角六分。

花香

祁门到鄱阳	10.66	连同二批茶包运照摊得上数
酒钱	0.23	同上
鄱阳到九江	5.00	同上
过船费	0.90	在九江
钉裱	0.30	袋装应无此费
下力	0.12	
码头力钱	0.32	
湖口塘工捐	0.04	

汇水贴现	0.02	以上5项由慎源茶栈经理
九江到上海	11.35	以下由汇泰茶行经理
上下力	1.00	
车送栈房力钱	1.00	
栈租	0.20	
保险	0.40	
公所费	0.50	
合计	32.04	

说明：花香及茶梗，计八百五十斤，平均每担二元七角七分。

旅费

项目	银数
屯溪取款	9.74
屯溪取款	18.30
祁门寄样	1.00
祁门寄样	1.00
祁门报税	1.00
其他	0.50
共计	31.54

汇量

日期	汇往地点	金额	汇费			
			汇水	电报费	共计	
4月18日	屯溪	1000.00	10.00	2.30	12.30	吴场长代借
4月29日	屯溪	1200.00	12.00	2.20	14.40	吴场长垫借
共计		2200.00	22.00	4.50	26.70	

邮电

日期	要项	发往地点	金额
4月15日	电报	祁门	2.20
4月24日	又	又	2.50
4月38日	又	又	1.50
5月1日	又	屯溪	1.30

日期	要项	发往地点	金额
5月6日	又	祁门	1.70
5月24日	又	又	1.20
6月2日	又	又	1.50
6月12日	又	又	0.90
共计			12.80

杂支

项别	金额	
账簿笔墨	0.52	
洋钉铅丝	0.39	
绳索	2.23	
刷把扫帚	0.72	
印刷	1.80	
面粉	1.58	
油烛	21.44	
脚力	0.42	挑茶2担
犒赏	5.63	
点心	7.16	
民团夜哨	1.00	
共计	42.89	

分庄使费

项别	金额	
职工工薪	36.00	司秤1人20元;司账1人16元
伙食	16.00	从总数中摊出
房租	10.00	
杂用	1.21	
渡钱	0.50	
共计	63.71	

卖茶折扣

项别	头批茶	二批茶	花香	茶梗及茶子	合计
九九五扣	11.94	4.86	——	——	16.80
九五扣	——	——	4.49	0.52	5.01
修箱	——	2.10			2.10
七分箱扣	——	1.82			1.82
九八佣金			1.70	0.22	1.92
打包	3.36	2.91	——	——	6.27
共计	15.30	11.69	6.19	0.74	33.92

银行利息

息借额/元	1000.00
月息/元	0.01
息借期/日	40
付息/元	13.33

《国际贸易导报》1934 年第 8 期

祁门茶业缴纳洋行及茶栈费用等

洋行费 行	保险(每千两每月二分)行	保安 栈	水客伙食(每日四角)栈	思恭堂贫院 栈	补办 行
电报费 栈	样茶(每字一二箱不等) 栈	栈租(每月每箱二分) 栈	公会 栈	修租(每箱二角)	力驳堆折
验关费 栈	叨佣 栈	码头瀋浦捐 栈	印花 栈	花香保险费 栈	检验费
上下力 栈	茶楼磅费 行	商务律师 栈	输蕘力 栈	栈用(八九) 栈	祁门同乡会
压磅(每箱一磅)行	警商 栈	钉裱出店 行	公磅 栈	打籐 行	洋行息(九九五扣息)行

以上洋行及茶栈用费通扯计算，每箱合洋十元。

贷金利息费。如向茶栈贷款四万元，约三个月利息洋一千八百元，每箱合洋三元六角。

　　附加各捐费。如教育捐、茶商公会捐、防务捐、公安捐、慈善捐、同乡会捐及其他临时特捐等，每箱约合洋五元。

　　杂支费。如灯油、烛火、邮电、笔墨、纸簿等一切杂支，约洋五百元，每箱合洋一元。

　　以上各费用系以五百箱而论，如不及此数，则使费更大，盖以多制箱额为最经济也。

《湖北省政府公报》1934年第41期

一九三五

实业部指令农字第四一六七号

令祁门茶业改良场委员会

呈一件：遵令呈复祁门茶业改良场开始工作以来各项事业进行情形仰祈鉴核备查由

呈暨附件均悉。据呈复祁门茶业改良场各项事业进行情形，大致尚属妥洽；所送该场上年十、十一两月份工作报告，内容亦颇详晰，准予存查。惟该场业务计划，关系重要，仍应送部查核，仰即遵照。此令。

中华民国二十四年一月二十四日

部长陈公博

《实业公报》1935年第216期

抄祁门茶业改良场委员会原呈

遵令呈复祁门茶业改良场开始工作以来各项事业进行情形仰祈鉴核备查由

案奉

钧部农字第四一一九号训令开：

"查合办祁门茶业改良场，自九月开始工作以来，所有场内事业进行情形，迄未据转报有案。兹届年份终了之期，究竟该场各项事务进行情形如何，合行令仰递照详晰具报，以凭查核为要。此令。"

等因；奉此，查祁门茶业改良场自九月一日开始合办，场长一职，经由职会第一次常务会议议决，推派胡浩川担任，其时胡君任上海商品检验局技师，未获如期履任，至九月二十二日，由上海过京，赴祁就职，并由职会令派干事陆逢世会同前往监理交接。适于其时皖南一带……风声鹤唳，一夕数惊，交通因以阻塞，中途遂致稽滞，比至十月八日，始克到达祁场，正式办理移交，此该场改组后，场长就职及办理交接之大概情形也。该场自开始工作以来，迄今虽经四月……一切事业之进展，自不免受其影响，然场中重要事务：如厂屋之建筑设计，机械之交涉订购，业务计划之拟订，茶叶运销合作之推广，尚能循序渐进，不遗余力。现该场业务计划，经职会第四次常务会议议决，请经济委员会农业处赵处长详加核阅后，会同中央农业实验所钱副所长决定实施办法，不日即将竣事。厂屋之建筑蓝图及详细设计，亦经该场呈送到会，提出第四次常务会议讨论，并推定钱委员负责审核，一俟审查完毕，即可将该项蓝图，暨详细设计，转请经委会核拨经费，着手建筑。机械原拟向锡兰科仑布公司购办，早经该场场长开具尺码，专函征询，但为时两月，迄未见复；嗣由该场场长向上海各洋行洽商订购，兹已由礼和洋行取得机械样本及说明书等，送会核办。此项机械样本及说明书等，现正审查中，将来究用何种机械为合适，短时期内当可决定。至于茶叶运销合作事业，经该场努力倡导后，颇见成效。近该场鉴于祁门产茶各乡区，农村衰落，经济困难，而种植茶制茶之应用材料，急应乘时制备，已由该场场长向上海商业储蓄银行洽商贷款，并经职会函请安徽建设厅致函上海银行，予以介绍保证，想亦不难获得良好结果。此该场开始工作以来，各项重要事业进行之大概情形也。他若测量场地，修剪茶丛，开辟郭口茶园，修缮原有场屋，以及场中一切行政事务及技术等项之设计改进，该场工作月报内，载述甚备，兹不赘陈。奉令前因，理合将该场开始工作以来各项事业进行之大概情形，连同该场工作报告，备文呈复，仰祈。鉴核备查，实为公便。谨呈

实业部部长陈

附祁门茶业改良场工作报告二份

祁门茶业改良场委员会常委钱天鹤、许仕廉、刘贻燕

《实业公报》1935 年第 216 期

咨安徽省政府农字第四五一六号

准咨复祁门茶叶产销合作社联合社请免茶税业经核明照准等由除抄发原咨过知该社知照外复请查照由。

案准

贵省政府财二字第六三零四号咨复祁门茶叶产销合作社联合社，请免茶税，经核明照准，嘱查照等由到部。除抄发原咨通知该社知照外，相应复请查照。此咨。

安徽省政府

部长陈公博

中华民国二十四年五月二十七日

实业部通知农字第四五一五号

通知祁门茶叶产销合作社联合社

前据该社电呈请根据……电知豁免税捐五年等情一案兹准安徽省政府咨复到部抄发原咨特此通知由。

…………

抄安徽省政府原咨

案准贵部农字第零零四四零七号咨开："案据祁门茶叶产销合作社联合社原电呈，为祁门红茶受商人剥削奇重，成本过高，连年惨败，请根据……第六条规定，电知豁免捐税五年等情到部，除批示外，相应抄同原电，咨请查核办理。"等因；并抄电一件，准此。查此案前据祁门茶业改良场委员会呈，据祁门改良场呈，准该县茶叶运销合作社函，请依照总部条例准免茶税，藉资提倡等情；并据祁门茶叶产销合作社联合社迳电前来，常以原呈内称：祁门已成立茶叶运销合作七社，预计本年茶叶产量，龙潭社为一百五十六箱，湘潭社一百三十箱，坳里社一百二十箱，竹溪社一百十五箱，郭溪社八十箱，小魁源社一百十二箱，庚峰社一百二十箱，依照上年三省……所颁条例第六条规定，请免征税，核与本省营业税征收章程第五条第三项规定，亦无不合，自可照准。惟茶税为皖省大宗收入，如果免征货品，漫无限制，与省计大有妨碍，应按此次列报数量，以该七社所产者为限，由该会常委出书证明，钤印盖章，发交运茶人持赴所在地税局，及出口登记处查验无讹，方能免税放行，仍须将证明书式样，及运输出境地点，详细开报，以凭察核转行等语，指令该会在案。准咨前因，相应咨复查照。此咨。

实业部主席刘镇华

祁门茶叶免税为期五年

实部据祁门茶叶产销合作社联合社呈请，代向皖省府接洽，豁免茶叶捐税五年，现业经皖省府咨复，允予免税，惟以兹茶叶产销合作社联合社所属七合作社所产者为限。

《首都国货周报》1935年第4期

祁门红茶

时 敞

一个国家出产物之多，确是数学专家所不可计算，而专家不可计算之许多出产物，叫我们不是专家又怎样能通盘明白？通盘明白固属不行，所谓主要出产物确不能不知，像我现在写的祁门红茶，就是主要出产物之一。今欲普及大家明白中国主要出产物，于是在工作之暇，阅记载红茶之书籍，看制造红茶之经过，根据记载与经过成功此篇报告，此报告系献给未明白而欲明白之大家知道知道，想欲知道者必不以我为多事吧！

祁门红茶，因土壤气候之适宜，得色香味三者兼美之特点，在世界红茶市场，久占优越之地位，声价之高，无与伦比。近数年来虽受锡兰印度之竞争，而在我国出口物产之贸易，仍属一大宗。现适提倡国货运动之时，这位久为我国代表之出产物，急应注意，兹将这位出产物分生产、制造、运销三项情形述之如次：

（甲）生产情形。

祁门县产茶区域以西乡最广，南乡次之，东乡再次之，北乡最少。据调查所得，每地一亩，可产茶（指青叶，五斤青叶制精茶一斤）五十斤，全县产茶地面积计有七十万亩，合计产茶三千五百万斤。此数目红茶占绝对多数，每年红茶产量，当地人习称三万箱，实际不止。二十三年南乡接近浮梁县（江西省）境界……茶号多半中止，而产量尚超出三万箱甚远，今将二十三年各方调查红茶箱数，列表于下：

民国二十三年祁门红茶箱数调查表		
调查者	箱数	备注
上海商品检验局	43 704	每箱装精茶67斤
祁门县茶商公会	35 764	
祁门茶业改良场	40 000	

表内虽有出入，大致四万箱最为可靠（此外尚有一部分自饮与馈赠），因为秋浦、贵池、石埭、浮梁所产红茶，在上海亦冒称祁门红茶，故上海商品检验局，恐杂有冒充祁门红茶在内，茶商公会捐册，难免不有脱漏嫌疑。

（乙）制造情形。

祁门红茶制造法，除摘叶外，尚有八项不可少之手续，即晒青、揉捻、发酵、烘焙、筛分、拣别、补火、官堆，兹逐项分别述之。

晒青。

将所摘青叶，置日光下之竹帘晒之，先须摊成薄层，继须频加翻转，俟叶片呈暗绿色，叶边呈褐色，及叶柄呈皱纹柔软无弹力时为适度，不可太过，亦不可不及。太过则揉捻不易，发酵亦难。不及则液汁难出，而留有涩味。若遇天雨，则摊于室内空气流通之竹帘上，惟所需时间，较曝于日光下为长。

揉捻。

青叶晒至适度时，则行揉捻，使茶汁外流；成紧细之条，盖茶之细胞，经揉捻而破裂，胞内液汁外侵，俾沸水一泡，即易出汁，香味亦浓。惟此间茶农，尚有以足捻之者，虽较手捻敏捷，实有碍卫生，急应改良（祁门茶业改良场今已试用机器揉捻）。

发酵。

将揉捻适度之茶，盛于木桶内，加力压紧，上覆以湿布，置日光下晒之，藉天然之热力，而令色泽变红，质味变厚，遇天雨无日光热力时，则置于室内加以温度，使其同样受热力而发酵。

烘焙。

烘焙之法，系盛茶于烘笼上，烘笼以竹编成，形如折腰圆筒，笼内有一活动之烘顶，茶即置于顶上，其焙炉是掘地为穴，内置炭火，烘笼即置其上而焙之，每隔十分钟，将笼取下，置竹匾上用手翻拌一次，如在炉上翻动，茶末落入炉内，则燃烧生烟，而烘顶之茶受烟即变焦枯之味。

筛分。

茶经烘焙之后，即行筛分，以整齐其形状，惟此项手续甚为复杂，其复杂之原因，即是未能一次手续了结，而需多种筛分，才能告整齐。

拣别。

此项工作，概用女工，全系包工制，每名每季（指茶季约四星期）工资约七元，供给伙食，人以婺源休宁二县为多。在工作时，由看拣工头发给茶叶一箩，计十斤左右，视茶之等级而异。拣完时，随时添加，统在拣茶板上拣别，全场工人都编上号码，另附拣别证一张，注明茶之等级与分量及其姓名，依次就坐，不得紊乱，随时由看拣工头在场巡视。如认为合格者（即茶已拣清），在拣茶证上盖一戳记，凭证送还发拣处。不及格者，仍须复拣。工头在每工上抽收佣金，每一女工可带童工一名，工资亦收同等待遇，非如此则甚难招雇也。

补火

茶经烘焙之后，在筛拣时难免不有潮湿侵入，故于装箱时，须再烘焙一次，名为"补火"。其法将茶置小口布袋内，每袋约五斤，至烘笼上烘之，每隔三四分钟，将袋提起振荡一次，烘至茶呈灰白色，如晓日未出，天空发白之色为最适度。

官堆

将各号筛分之茶，通共堆于官堆场，作一方形数尺高之大堆，以木耙向外方之侧，徐徐梳耙，使其混合流下，另以软箩盛之，并称其分量，估计箱数，名为"小堆"。在"小堆"之外，复有"大堆"，其手续与前同。作第二次之拼堆，于是所有各号之茶无粗细不匀之弊，庶可装箱发售也。

（丙）运销情形。

祁门红茶，以前均在汉口销售，民九以后，汉口茶市衰落，红茶贸易中心遂转移于上海。祁门红茶的运出，先用小船（至多装六十箱，船价三十元），由昌河经江西景德镇运至饶州，再改抚州船用小轮拖带出鄱阳湖而达九江，每箱需洋五角。由九江转长江运至上海，每箱需洋一元一角（将来屯祁公路完竣，则可由汽车运至屯溪转杭州改火车到上海，那时非但手续简便，而时间亦迅速），以上运费，由祁门至九江归茶号自理。由九江至上海，沿途报关手续，上下驳力，火轮运费，均归各放汇茶栈之九江分栈代办，俟茶售出时，由上海栈在售价内扣除。

上列三项情形，是祁门红茶之全部大概，亦我之初步认识，至其他，如怎样令茶叶优良，怎样令成本合乎经济诸问题，则希有研究者详为讨论，庶中国茶业前途，得有复兴之机，企予望之。

《首都国货周报》1935年第10期

祁门茶市好转

皖南祁门红茶，近数年来，因山户植制荒滥，天时失调，成本增高之故，质劣价低，经营者惨遭亏折，综计损失数额，前年约在百万以上，誉播全球之祁红，因以一蹶不振，异常衰落。本年茶叶，又届登场之期，其市况兴衰，与皖南民生，关系綦巨。兹将祁门红茶业过去状况，及今岁茶市发动时之市面情形，略志如下：

茶市回顾。

去岁祁门经营茶叶之茶号，共有一百五十余家，较之前两年，二百八十余家，几已减半。头批西南山价，每百斤合八十元至六十元，首字箱茶成本，贡熙白毫，每担须二百数十元至三百元，次者亦须一百五十元至二百元，但沪市新茶开盘，最高者不过二百元。低者数十，号商因成本太贵，售价低落，亏折者实繁有徒，能沾红利者，少之又少。统计上年各号采制箱茶出口数量，只三万六千余箱，较前年减三分之一以上。截至十月止，祁红存沪未沽者，约二千箱，各号盈亏，平均扯计约折本十万元，如此结果，尚属小创。东路绿茶，因子茶旺收，山价每百斤值七八十元至百元，山户及营屯苏片之店庄，两均获利。店埠滩素营粤东之安茶，年销额约十余万元，去年……陷于停顿。此外赣商亦采办祁西毛峰，达六七百担，值六七万元，此类副产之增销，于茶区不无小补，此上年祁邑茶市之大概情形也。

本年情况。

在往岁茶市方告终结，茶栈茶号，均先期预谋翌岁之经营计划，为未来营业标准。去岁号商，忧于频年亏蚀，故皆销声绝迹，据该业中人谈，本年祁浮两地茶号，企图经营者，亦大有人在。沪栈对于祁茶，颇称注意，其中已有派员入山，赶先接客，进行甚为积极，其他各栈，虽进行稍缓，惟入山放汇，均具决心，预料茶号家数，将不减去年，或有增加，亦未可知。综观目下栈号两方，对祁红之态度，咸抱乐观，其故有四：

（一）祁浮两地茶号，迭年因山价昂贵，致遭亏折，今年承各号凋敝之余，茶商出手购买，咸持凛凛观望之想，山价自难提涨。

（二）因产区……当局并派兵保护，茶农可安心采制，产量当可增加，茶价不致因物稀而贵。

（三）屯景公路祁屯段已通车，景祁段不久亦将修竣，饶河航运完全恢复，交通便捷，水陆运输，不感困难。

（四）沪市存茶，不足千箱，底货既薄，海外销路，可望转机。有此四因，本年祁门茶业前途，环境上显较前年优越，惟可虑者，即金融之充缺问题，是本年祁门茶市之能否开展，尚须视茶栈运用资金之灵拙，及金融界能否尽力投资为断也。

《四川经济月刊》1935年第3卷第6期

经委会在祁门建筑茶业改良场

皖省属祁门县为产红茶之著名区域，昔年运销外洋为数至巨，嗣后墨守旧法，不知改良，在外市场，遂被日本、爪哇、锡兰等国夺去。然祁茶色质味三者，均较他国为优，只须悉心加以改良，仍有畅销海外之可能，是以政府对于祁茶之改良，极为注意。最近财政部，复公布免征祁茶税率，以解除其束缚。全国经济委员会秉承政府意旨，在祁门建筑茶业改良场，从事研究改良，日前特派农业处赵处长，偕实业部中央农业试验所钱所长，前往祁门视察场址，兹已事毕，于十六日乘坐汽车过芜返京，据谈祁门茶业改良场，已勘定该县南门外凤凰山一带，因是处地点适中，对施行改良计划，研究灵捷，容易统驭。连日由改良场胡场长，督率技师进行测量工作，计从南门外菜园坦起，至凤凰山附近田坦止，测定为建筑新场基址，约三四日即可测量完竣，将来对占用民间田坦，每亩公估价洋卅元，预算建筑费甚巨，概归全国经济委员会拨发，拟定秋后兴工云云。并闻经委会对祁门茶叶，拟划为国内实业区，将来新场址面积，测量完竣，兴工建筑后，规模宏大，研究茶叶种植及营业实行整个计划，并拟在凤凰小新场址，改筑短途五十华里汽车道，以达南路坪里茶业改良场，以便联络实业区，进行一切计划云。

《农业周报》1935年第4卷第34期

皖祁门红茶产销现状

祁门地狭多山，邑中特产，除瓷土外，当以茶为大宗，产质之优，向居世界茶市首要地位。农民生活资源，强半依赖于是。故祁邑农村经济之舒困，全视茶市兴衰为转移。近五载来，世界祁红消费各国，因经济枯窘，益以印爪红茶降盘倾销，祁茶销价，一落千丈，号商受亏之大，尤以去年为甚。本年新茶产额，虽告歉收，茶号制法力谋改善，无如首二帮箱茶运沪，销路与市盘，不但依然不振，且今尤不如昔。茶商蹙额，俱感挽救技穷，而厄运之来，有加未已。如五月间有三十二家茶号头茶四千余箱，在鄱湖遭风沉没，损失达四十余万元以上，茶商喘息未舒，又加重创，旧趋损新伤，不胜其打击，后市能否转坦途，现时尚难逆睹。兹将本年关于祁茶产销状况，调查分述如下：

产额减少。

往年祁茶产额，约在三万余担，制成干茶，共有六万箱左右（除浮梁所产不计），民国十九年，据安徽建设厅调查统计，共有二万二千〇〇五担，制成干茶，共有四万余箱，去年统计税额，亦有三万八千五百箱，本年产额，截至春茶收园止（子茶不在内），据各号估计，只有二万六千余箱，除去五月在鄱沉没四千箱，总计不过二万二千箱，比往年产额，数固倍差，即衡之去年产量，亦减少一万六千余箱。其减少原因：一、山户鉴于近年茶产过剩，尝成供过于求，市盘低贱，售价不敷成本，对于茶树栽培，不加注意，大多听其荒芜，致产量折减。二、因去年夏秋亢旱，及冬无雪，园土干枯，茶根久不得雨滋润，发育不强。三、子茶（即夏茶）产量，约占春茶十分之二，本年春茶销价狭疲，山户无人采制，茶号亦停止收办，有此上述三因，故今岁祁茶产额，益形减少。

茶号紧缩。

祁茶过去，因欧美销路浩大，市价逐渐提涨，设庄制茶者，亦随之增加。民国十九年，全县茶号，计有九十余家，二十年增至一百十四家，二十一年更增至一百八十二家，去年减少二十余家。今年开业者，共有一百三十七家（内有合作社二十余家），又较旧减少三十余家。其减少原因，即因原有茶号，受频年之损失，资尽难以开场，即今年复业之号，对营业方针，无不多从紧缩，力求减轻成本，免再亏负。此种步骤，号商似趋一致，然而事实上，竟大谬不然。当新茶上市，少数号商之捷足竞争心，彼淡此热，彼抑我提，山价还是难趋划一，致成本又因之增高。兼之本年号多产歉，形成求过于供。往年各号，每家箱数，多在二三百箱以外，今岁普通每家只有百数十箱，满二百箱者，不过十零家。箱数虽然减少，而号中开支，不能因箱少而随减，每家都在二千余元至三千余元不等。此外再加每箱正关税二元余（本年较上年约增数倍），运费五六元，及上海栈租保险佣金等，总计首批箱茶成本，每担约须一百七八十元之间，无形中成本增大，是茶号之求营业紧缩，轻本免负之初旨，至此又无把握矣。

山户痛苦。

祁邑农民，自耕稻粮，既不敷食，一年土产收入，除采掘瓷土运销景德镇外，莫不眼巴巴望着茶叶之产丰价善，来舒其穷困之生活。在祁红鼎盛之年，山户茶价所得，均较婺源休歙为丰。因婺休绿茶，一次焙干出售，每担最高价不过七八十元，祁茶非一次焙干，叶中含水分成半干式茶胚，出售茶号，每百斤最高价可得百二三十元，仅及焙干绿茶分量之半，两担折合为一，价亦倍之。此不过指祁山户茶叶售价之总收入而言，再计其采茶人工伙食所出，实际收入，亦非丰厚。因祁邑茶户，多非自采，摘制须雇外来工人，即以本年红毛茶统扯平均价格，每担约三十元计，仅敷做工成本，产户所获，数甚稀微。又以全县今岁产额二万五千担计，不过七十五万元，统扯除去人工之半数，流入全县山户，只三十七万五千元，整个农村收入，为数有限，涔蹄之水，实无补于焦枯。虽本年平里茶业改良场，及全国经委会，为救济农村，解除茶户痛苦，派员指导，组织茶叶运销合作社，每村限定一家。社员即为自有茶产之农民，一切设备，均由该场经会技正，训练指示，资金由上海银行贷借，在当局固救济有心，办法亦不为不善，但其间仍有少数不良分子，从中操纵，或假借组社，暗施其压剥茶农之故技，故合作社于茶农个人本身利益，在未严密组织成绩显著以前，尚难予茶农得到实惠普沾之效果。

金融欠灵。

过去祁邑茶叶号之蓬勃，虽由海外销价畅高，半亦由银根宽活所致。在七八年前，沪上茶栈，为竞争箱额增加，对接客放款大多松滥无度，每年各栈贷与茶号茶银，尝有二百万元上下。近年因外销不畅，号商亏折累累，栈方被累之损失，为数甚巨，旋总栈商议订新章，防止受累，互相遵守施行后，栈放号款，咸主紧缩，故迩岁多数茶号之经营，既感自资之薄弱，栈款又不易贷求，袖短难舞，俱苦罗掘皆穷。去年虽有四省农民银行派员驻祁放款，首计其一个月贷出总额，仅有二万余元，数甚稀微，但尚能助长金融之灵活。今岁各茶栈因受银钱业信用放款之紧缩，来源艰涩，对茶号用银寸头，益形短薪，总计本年各栈在祁贷出款额，只有八十余万元（每家贷借数目至六千元少至三千元），再加各号自身之三四成本金，总共不过一百二三十万元，以五六万箱之祁茶生产巨额，仅赖此百余万元资金以周转，其何能济？若言发展，更忧乎其难也。

银价滞落。

生产与消费，两者缺一不可，盖有生产而无销场，则患膨胀过剩。今日祁茶之衰落，则苦出路不畅通，更苦市价之逐年低贱。销场狭，市价高，营者尚可沾利，再次市价平，不伤本，茶商犹可支持。无如近数年来，销价两者，递趋滞落，纵茶号拥有丰资，亦不堪频蚀不已。此祁茶受销价之压迫，各至筋疲力尽，陷入深渊而莫由自拔矣，去年茶商热望，满冀海外市场好转，稍补前亏，讵首批新茶上市，销盘依旧不动。总计上月份，祁浮两路箱茶运沪，共有一万五千余箱，祁贡顶盘，仅开一百六十五元，余自百元至百五十元，较上年还降低四十元，中庄开八九十元，低货七十元、五十元，花香开二十四元，但较旧减低七折，各行除英商略有进胃，俄商及其他庄，殊鲜成交。虽上月中旬，英行得鄱湖沉没巨量祁茶消息，造意趋浓，市盘抬涨五六元，品质最优者，复提升至百八十元。但此市价，仅属十件至四十件之少数贡品，计其成本，还是大亏。即普通头茶血本，亦须一百七八十元，如此抬高价格，尚受亏负，其他自可想而知，预料本年祁茶结果，商户整个之损失，当不在往岁之下矣。

《中行月刊》1935 年第 11 卷第 2 期

祁门茶场卫生之协力办理

全国经济委员会，以安徽祁门茶业改良场成立之后，从事改良工作，十分紧张，员工卫生，亟宜注意，故有筹设祁门医院之计议，除院址商由祁门县政府设法供给外，经费则由祁门场筹拨，由该会卫生实验处办理，现已觅得院址，一俟药品器具运齐，设备就绪，即行开始工作。

《中国国民党指导下之政治成绩统计》1935 年第 10 期

复兴祁门红茶

全经委会拟具办法五项。

全国经济委员会，近极注意复兴国产茶叶事业，尤以皖属徽州祁门所产之红茶，在海外市场，过去曾具雄厚势力，后被外茶侵凌，祁门红茶渐受影响，经委会特拟具下列各项复兴办法，谋根本改良，竞销海外：（一）继续补助祁门茶业改良场，增开经济茶园，以谋经济自给，并设立模范茶园，及模范制茶厂；（二）继续分级试验；（三）拟增聘人员，赴祁门各乡村指导茶农，普遍组织祁茶产销合作社，同时在沪设立全国茶叶推销机关，试行国外直据推销；（四）举办产地检验，以防劣茶输出；（五）拟设立茶叶研究室，研究茶叶捐税，茶叶检验，茶叶金融及运输等问题。

《贸易》1935年第63期

祁门红茶开盘

运沪首批祁门新红茶，各茶栈布出新标，共有五千余箱，其中西南两路高庄货极多，嗣经同孚洋行开出头盘一百六十元，因汇价高昂，每担较上年见低四十元，华茶商对于此种市面，非常失望，形势颇为不利，至绿茶销路，亦无重大进展，仅天裕华茶裕隆等行，对于遂安土庄珍眉购进一百余箱，市盘无甚涨落云。

《中国实业》1935年第1卷第6期

祁门茶业改良场

1.机关名称	祁门茶业改良场
2.所在地点	安徽祁门县平里
3.成立年月	二十三年九月由安徽省立茶业改良场改组成立
4.组织概况	本场由全国经济委员会实业部及安徽省政府共同设立。内部业务分技术事务两股。场长一人兼技术主任，下设技术员四人，事务员一人，雇员二人。特设推广部，由技术员一人负专责
5.全年经费	本年度预算定为20 737元。由实业部担任12 000元，安徽省政府担任8 737元
6. 全年事业费	从经费中规定百分之四十
7. 工作实施范围	限于茶业
8.附属机关	
9.推广材料	1.种苗；2.茶样；3.揉茶机；4.刊物；5.剂

10.发行刊物之名称		前安徽省立茶业改良场刊行有：祁门之茶业，皖西各县之茶业，皖浙新安江流域之茶业及平里茶业运销合作社报告
11.业务改进概况	甲、农事改良事项	研究茶树栽培及茶叶制造之改良，并茶业一应有关事宜
	乙、农村经济事项	指导茶农从事茶之生产运销合作，以达到自有生产，自为运输，自为贩卖；免除中间商人之渔利，增进茶农经济
	丙、农村文化事项	
	丁、家政指导事项	
	戊、垦荒造林事项	
	己、灾荒防止事项	
	庚、其他事项	1.调查安徽茶业；2.调查茶农经济；3.接洽银行举行茶农贷款
12.将来之计划		1.扩充茶业科学之设备；2.垦殖合理之新式茶园；3.创制茶树标准栽培法；4.创制茶叶标准制造法；5.祁门茶树品种之分系；6.祁门红茶之科学鉴定；7.创立大规模经济茶园及茶厂，以谋本场经济之自给；8.茶业通俗书籍之编印；9.促进合作组织健全化；10.技术推广之普及与提高；11.辅助合作社创设社有茶园
13.实施困难与心得		1.国内茶业研究之过去成绩，凭藉太少；2.茶叶应行改良事宜太多，难于尽量着手；3.交通不便，物质取应之受限制；4.深山僻处，农业生气之少应求；5.合作组织一时不易健全，其出品未能直接向国外推销；6.公文会计格式繁难，多费时间及精力

祁门新红茶市盘冒出二百元

　　祁门新红茶，自前日正式开盘后，昨市怡和、锦隆、兴成等行对于上号各货进意续浓，市盘业已冲出二百元大关，开至二百另五元，市面颇坚，市上红茶存底有限。据饶州来电报告，现有七千余箱祁茶过境，预计下星期一当可到沪。至绿茶市面，亦较前略活。屯溪遂安温州土庄之珍眉绿茶，协和、保昌、锦隆、天裕等行搜买仍不遗余力，天祥、杜德等行，昨市又复开始搜办，全市绿茶交易尚不寂寞，市盘与前日相仿，闻粤帮华茶公司，近日又由屯溪办来毛茶千余担，新茶局势，尚继续进展中云。

《华语月刊》1935年第46期

祁门茶市状况

（蚌埠通讯）皖西、六安、霍山一带，向为产茶名区，每年出量，约计四十万篓，以鲁省为最大销场，惟比年以还，地方不靖，茶商裹足，茶业颇受影响，去年茶季，经刘镇华派队驻守茶区，招来茶商，随地保护，各地茶商，纷往采贩，皖西茶市，颇呈昭苏之象。兹据此间熟悉皖西茶业情形之茶商某君谈，去岁六霍一带茶叶，行销山东为最多，惟以鲁省商业不景气，故当地销场，大不如前，现在济南存货，尚有四万篓，六霍茶市，因篓茶之过剩，行情疲敝，每篓市价，由四元降至三元。今春雨水充足，气候温和，茶芽欣欣向荣，葱翠勃发，至谷雨时，即可摘采，一月后，春茶即行上市。该区现由二十五路军梁冠英部驻防保护，茶防可告无虞，预料今岁茶讯期间，定有巨量之生产，惟以去岁旧茶过剩，届时仍恐疲滞，而新茶市价，将有落无涨，茶市难有起色云。

《实业杂志》1935年第204期

祁门茶业税暂允免征

祁门茶叶产销合作社联合社所属七合作社所产茶叶，已经实部商准皖省府，允予免征五年。

《一周间国际贸易消息》1935年第32—46期

祁门红茶改向国内推销

安徽祁门红茶，驰名海外，年产八万箱，全数销于欧美，国内嗜茗者，尝抱无缘一快朵颐之憾，因是转购锡兰红茶，可谓矛盾，顷悉祁门茶叶改良场，与上海银行所办之祁门茶叶产销合作社，乃决定将祁门红茶，向国内推销，已由上海银行选出祁门老胡村雨前源源牌最上红茶九十一箱运沪，除一部分运销海外外，余均在国内各大商埠推销，以振兴茶叶，开辟国内销路，本京亦运来六箱，托由国货公司代售，每市斤售价一元三角五分云。

经济委员会扩充祁门红茶改良场

经济委员会，实业部及安徽建设厅，前为振兴安徽祁门红茶，曾在祁门成立红茶改良场，研究制造，并与上海银行商洽办□贷款合作社，一面呈准财政部减免祁门红茶税率，故今年茶收盛旺，经济委员会农业处长赵连芳，偕中央农业实验所副所长钱天鹤于八月二日赴祁门视察，俾谋扩充业务，业已返京，闻该场现已勘定祁门南门外凤凰山添辟为红茶改良场场址，月内兴工，明春落成，在外国购置之制茶机，及赴日本、印度、锡兰考察茶业之专家，届时亦可返国，再为茶叶运输便利起见，将由祁门辟一公路，约长五十里，接无屯路以利茶运云。

祁门茶业改良场第一年工作报告

导　言

本场自去年九月间奉令改组合办以来，对于场内一切设施，力求改善，而于技术之改进，事业之推广，尤为重视。因体察本场实况，及当地需要，分门别类，因时制宜，拟具第一期业务计划，及实施程序，俾树不拔之中心，以为进行之依据。现二十三年度已告终了，所有年内关于事务方面、技术方面暨合作方面之进行情形，以及一年来经济收支状况，亟为分别缕陈如次：

一、例行事务

甲、办理祁门茶场之交接事宜。

祁场自经全国经济委员会、实业部暨安徽省政府改组合办以后，场长一职，经第一次常务会议议决，推派胡浩川担任。其时胡浩川在上海商品检验局任技师，因事稽迟，未获如期履任，至九月二十二日，甫由沪来京，转赴祁门就职，委员会当亦派员会同前往，监理交接。适其时皖南一带……交通中梗，比至十月八日始克到达祁场，正式办理交接。当由前场长吴觉农所派之代表，将该场所有机械器物文具及山场茶丛厂屋等项逐一点交，并由双方会同造具交接清册，呈会备查。

乙、办理修水茶场之交接事宜。

修水茶场停办以后，所有机械器物文具等项，经中央农业实验所呈准实业部暂借与祁门茶场移运使用。原拟于接收祁场之后，即行派员前往修水，办理接收，运祁应用。惟因其时河干水浅，交通阻塞，无法移运，延至本年三月中旬，始由该场胡场长暨修水茶场前主任冯绍裘会派前在修场现在祁场服务之孙尚直君于三月十八日前往修水，实行接收。为便利沿途照料起见，并由孙君随船押运，道经鄱阳湖景德镇，溯昌江而上，至四月二十五日始克到达祁场。所有该场机械器物文具，经冯前主任暨胡场长会同点验，照数交收，并会同双方造具簿册，呈送委员会转请中央农业实验所呈部备案。

丙、其他例行事项。

例如任免职员，及一切日常行政事务，详见本场月份报告，兹不赘述。

二、技术工作

1.茶园之部

本场正是成立，已在深秋，为茶园工作紧张之时，当即督促职工，从事旧有茶园之整理。

甲、旧有茶园之整理与恢复。

子、茶树之修剪。本场所有茶丛，春夏茶后，曾经修剪，特以新生枝叶，多参差不齐，十月中旬后，乃督工加剪，以求整饬。惟着手已迟，仅及低山第二区即止，其他各区，尚有待于来年也。

丑、茶树施肥。各区茶丛，发育原不旺盛，树势亦大小不一，经春夏雨季之采摘，树势益形瘦弱。本场有鉴及此，遂于十月中旬购入芸苔粕六十担，研成细末，全部施肥，每一茶丛，施肥六两。故今春茶丛之发育，极见茂盛。

寅、茶园与圃地之除草。本场平地区茶园，及一二两区苗圃，土质特优，草极易生，虽经一再铲除，而仍滋生无已。故本场工人除整理茶丛外，即从事除草工作。

卯、整理郭口垦地。前场所垦郭口荒地，有已垦而未经整理者，亦有已经整理而未经施种者，计有八十九亩之多，本场接收后，乃饬工人分别从新整理，以为春季播种之用。但费工甚多，直等新辟。

辰、整理场前苗圃。各区圃地沟渠，多已淤塞，为免积水停潴，防害茶苗生长计，特将第二苗圃之行道及沟渠加以改良，第三苗圃加以深耕，并将第三苗圃之苗床加以整理。

巳、修复低山行道阶级及各处行道。低山二区入口行道，原系石级，去冬被驻军拆去，移筑堡垒，路面毁坏，不便行走，特行修复。其他茶园要道，亦多崩塌，经派工次第修复，以利通行。

午、高山茶园之恢复。本场高山区之金钹尖，为平里群山之最高峰，顶部平坦，面积有三亩二分。前本场在农商部办理时代，曾经垦殖一次。但所种之茶，未能有成，即行荒废，现存茶株不过八百六十五丛。大凡山势愈高，茶之品质愈佳，该金钹尖废置不顾，殊属可惜，特兴工除草砍木，整理深耕，使之恢复，并移植二年生茶苗一百七十一丛，以便与平地茶园比较。

未、试种绿肥。本场茶园肥料，为将来自给计，特向日本采购绿饼、黄花绿饼，及山腊豆三色，在场试行秋播，此外并在当地选购蚕豆一种，播种于新垦园区，以便作为肥料。

申、制造堆肥。茶园需用肥料甚多，基肥尤为主要，绿肥一种，尚嫌不足，因特于附近山间采取草屑落叶，购入稻草，制造堆肥，以供将来基肥之用。

酉、播种油茶。本场郭口新辟茶园，四面无树木为之屏蔽，易罹风霜冻害。去年冬初，特就行道两侧，每距五尺播种油茶子数粒，今夏皆已出土；五年以后，即可成为防风林。

乙、茶园之扩充。

子、开辟新茶园。本场郭口，山地八百三十余亩，系页岩砾质黏土，颇宜植茶。除前场曾垦百余亩外，余尚属生荒，每年既无收入，并须赔付租金，遂呈准委员会予以续垦，于十二月间雇工开始工作，依山形作梯形阶段，深沟排水，以防雨水之冲刷，而保永久。现在完成八十余亩，外形极为整齐。

丑、扩充苗圃。

本场苗圃，原有三区，仅敷试验之用。今后续垦茶园渐多，势难供给大宗苗木，因就新垦茶园区坡度较缓处，作成梯形畦段，以为苗圃，已于三月间整地播种矣。

丙、移植、更新，及插条播种之实验。

子、老茶树之移植试验。

本场所有茶数均为点播，距离不均，发育亦难，不得不择要移植，改为条植；既便管理，兼可淘汰劣株，让出空地。惟树龄均在二十岁以上，恐难繁殖，特先移植四行，稍事修剪，以作试验。今年立夏前后，均放新芽，颇行匀齐，因移植而致死亡者极少。

丑、老茶树之更新试验。

本场边近林荫之茶丛，发育特坏，改善无望，因择其尤甚者，移植一行，并将地面上一部之枝干完全铲去，以与他项移植者作相互比较试验。今夏各茶株之根部，先后发出嫩枝，极为旺盛，三年后即可采摘矣。

寅、苗圃之插条试验。

茶树插条繁殖，国内行之者尚鲜，本场举行插条试验，希于无性繁殖中，以谋优异而纯一之品种。此项试验，前场已行之，自二十二年四月起，每月之一日及十五日两日，各扦插一次，每次百株。以前所插者，因受去年大旱影响，活者极少，新插者，以未经盛夏，其死活率之多寡，尚难预卜。

卯、播种时期试验。

本试验之目的，系欲考察茶子发芽时期百分率及生育状，与播种时期关系之比较试验。播种期自十二月十日起，每间十日举行一次，至五六月之间，茶子先后发芽出土，冬播者反较春播者发芽为迟，而发芽率春播者较冬播者为多，惟生育状况，则冬播者较春播者为健全耳。此经本场屡试不爽者也。

附茶子粒形大小比例之检查。

茶子粒形大小，关系发芽力及幼苗生育之强弱甚切。其粒形大者，发育力恒强，生育力亦旺盛；粒小者反是。兹从大堆种子中，量水一石，平分两次检查，使用网眼不同之筛，分为大中小三种。

（1）粒形大小标准：

a.十公厘网眼下者为小形。

b. 十五公厘网眼下者为中形。

c. 十五公厘网眼上者为大形。

（2）第一次检查结果：

粒形	粒数	容积	粒数所占百分比	每升平均数
小	8.723	10.0	31.28%	872
中	9.648	18.0	34.59%	536
大	9.510	21.0	34.23%	453
合计	27.881	49.0(注)		

（3）第二次检查结果：

粒形	粒数	容积	粒数所占百分比	每升平均数
小	8.791	10.0	32.34%	870
中	9.732	18.3	35.06%	532
大	9.240	21.6	32.64%	427
合计	27.763	49.9(注)		

注：第一次检查容积结果，则为四斗九升，视原量减少一升。盖因粒形大小装盛时每升容量疏密有差异，故不免稍有出入。

丁、茶园敷草防寒。

茶树易罹冻害，尤以幼苗为甚。故本场于严冬之前，各敷以防寒之物，以防冻害。幼苗根际，拥以稻糠，茶丛则敷以茅草。至春季天气晴暖，复将此拥敷之物，埋入土中，以作肥料。

戊、统计各区茶丛数目。

本场平地、低山、高山各区茶丛，前场虽有记载，甚恐失于精确。兹为便于考查研究起见，特于三月间督领场工。用绳索两根，牵成直线，按区分段指数，并前后移动。检查结果，统计总数为二万九千三百二十六丛。

己、鲜叶之采摘及其产量。

春茶于四月二十二日雇女工开始采摘，迄五月八日停止，共计采得鲜叶九千六百三十六市斤余。

夏茶于五月二十六日雇女工开始采摘，迄六月十日停止，共计采得鲜叶三千二百零七市斤余。

以上两项，共为一万二千八百四十三市斤，较之去年八千八百八十余斤，约增加百分之三十，此实由于茶树施肥得宜之结果。

2.工厂之部

甲、工场之扩充。

子、新建工厂。

本场原有工厂，极为狭小，不足供大量之制造。本场委员会有见及此，特予扩充，以谋大量生产，而便示范于民间。现已择定祁门县城附近之凤凰山地址，另建工场一座，专供经济制茶试验之用。其建筑图样，已由工程师拟具，经几次修改，现正着手估价，最短期内，当可兴工建筑。

丑、机械之购置。

本场原有机械，甚为简陋，不敷应用。兹为充实工厂内容设备起见，特向德国克虏伯工厂订购巨型揉茶机一部，粗制筛分机一部，烘干机一部，二十四马力柴油引擎一部，约于八月中可以到沪。其他从……工厂所订购之揉茶机烘干机，均已先后运抵本场矣。

乙、制茶事宜之标准。

本场自三月以后，除一切经常事务以外，全力注重制茶。如工厂之修葺，制茶用具之添置，薪炭消耗品之采办等等，均一一妥为准备，免得临时周章。惟原有工场，过于狭仄，机械又极简陋，对于大规模之经济制茶，犹不免临时棘手也。

丙、制茶试验。

子、试制秋茶。本场改组合办，已在秋末。祁门向不采制秋茶，但因工厂方面，尚无若何重要工作，并以本场平地区茶园，尚有细嫩芽叶可采，遂于十月十日及十四日两次采叶数斤，试制红茶、绿茶二种。当将该茶送往上海，经外商审查结果，据谓品质尚可。惟茶园以时期关系，未便过事采摘，致伤茶丛元气。

丑、试制春茶夏茶。本场地处祁红出产之中心，其宗旨在改良红茶之制造方法。故制茶试验，极为重要，而试验目标，亦以红茶为主体。时至谷雨，开始试制，依据计划，逐日试验。原料一项，除本场茶园出产者外，复由民间收买，以为原料之比较。本年因限于人力物质，仅能扼要举行下列各种实验。

萎凋试验：（1）萎凋水分减量之比较，（2）萎凋摊布厚薄之比较，（3）萎凋与温度关系试验，（4）萎凋与通风关系之比较，（5）室内萎凋与室外萎凋之比较，（6）日光萎凋与加热萎凋之比较。

揉捻试验：（1）手揉与机揉之比较，（2）手揉次数之比较，（3）机揉次数之比较，（4）机揉时间之比较，（5）机揉加重之比较。

发酵实验：（1）发酵加温与不加温之比较，（2）发酵与温度高低关系之比较，（3）发酵时间之比较，（4）发酵次数之比较，（5）发酵摊布厚薄之比较，（6）发酵温度关系之比较。

干燥试验：（1）日光晒干与火力烘干之比较，（2）高温烘干与低温烘干之比较，（3）烘干次数之比较。

以上各项试验，春夏茶均经一再举行，兹就其成绩之普遍现象述之于次：

（1）茶叶形状，已较普通祁红为紧细匀齐。

（2）茶叶色泽，已较普通祁红为优润调和。

（3）茶叶水色，已较普通祁红为红艳透明。

以上三者，均为上海中外茶商所赞许。此外尚有冯技师绍裘设计试制仿锡兰一种，曾送伦敦茶叶市场，经外商品评，与锡兰红茶之上等黄色李密顿氏茶极相似，惜已失却祁红固有风味，市价反不若祁红之高。倘能于两湖宁州等处，有大量之生产，则湖红与宁红之复兴，颇有希望。

丁、经济制茶。

本场经济制茶，过去鲜有举行，本届制茶，实为□失，故亦仅属试验性质。今年经济制茶，分春夏二季，其目的：一、求大量生产品质之改进，一、谋制造成本之减轻。冀在制造上获得一适当之标准方法，俾供各地茶商茶农参考仿效，而作对外之竞销。兹春茶制造凡二十五日，制成红茶二十七箱（研究样品在外），合市秤一千七百八十七斤余；夏茶制造凡二十四日，制成红茶二十四箱（研究样品在外），合市秤一千三百九十八斤余。先后分运上海销售，经中外茶商品评，均称适可，尚无大疵。

戊、提倡夏茶之采制。

祁门夏茶，向少制造红茶，本场为增加祁红产量，改善茶农生活起见，特提倡夏茶之采制。惟事属初创，销路若何，自难预定，因特先做作试制。大凡普通夏茶之品质，例较春茶为劣，其所得市价自亦较低。本场夏茶制成之后，正沪方祁红茶价惨落之时，当时上海每担春茶价格仅开至四十元左右，然本场夏茶在沪之品价，竟达七十五元，较祁门普通春茶之价格，高出三十余元，足证祁门夏茶之采制红茶，前途甚有望也。

三、合作运动

本场自改组成立以后，即列推行合作为重要事业之一。盖欲减轻制造成本，非合作制销，见效固属不易，而将来本场改良栽培与制造之推行，非先有茶农之基本组织，恐亦不易收功也。然推行合作，不能不先有充分投资，而推行伊始，尤赖有专家实地指导。本场有鉴及此，爰于去冬由场长亲自赴沪，接洽投资，一方转请经委会农业处指派专家，前来指导。

二月底农业处所派专员到场，三月初上海银行亦派该行南京分行农部主任偕工作人员莅祁，当即商定原则开始工作。推行区域，则偏重于南西两乡，以其产量多也。发展程序以旧社为中心，以其便于指导也。计自三月半起至四月十号止，前后次第成立一十八社，制茶三二〇七箱（约二十一万余磅），约当全县产量十分之一，而花香不计焉。社员六一九户，投资一〇九七八一点三二元。此固由于工作同人之努力，然亦见当地茶农需要合作之殷也。

祁门茶叶产销合作社

社名	社员	茶箱	贷款
老胡村	54	298	9 865.71
西坑	28	168	5 397.84
龙潭	30	153	4 899.00
茅坦	36	340	9 991.00
仙源	33	153	5 134.00
石墅	25	157	5 185.69
石谷	63	432	13 141.58
竹溪	26	120	3 823.00
石坑	23	156	5 334.80
殿下	21	117	4 130.00
坞里	34	121	3 854.00
湘潭	47	125	4 054.00
兰溪	45	296	8 467.00
郭溪	27	90	2 975.00
魁源	21	107	3 547.00
奇岭	34	151	51 17.00

社名	社员	茶箱	贷款
庚峰	22	122	4 274.70
雾源	50	100	3 426.00
合联运费			7 165.00
总计			109 782.32

然当时以条件不合，及其他原因，而未予成立者，实远在此数之上。兹次参加办理合作人员，除农业处一人及上海银行三人外，本场共有五人。而当工作正紧之时，场中职员几全部出动，盖今年成立各社，虽经慎重选择，而以事属初创，恐合作之意义未明，不敢不严格监督，随时指正，以便纳各社于合作之轨也。以上为本场今年组织合作之大概情形，其详细报告，尚在整理之中。关于上海推销一节，自非本场现有能力所能顾及，幸承有关各方，通力合作，方免陨越。兹将上海推销概况，撮要分述于下：

（一）运输。

以前祁门红茶出口，多由水道而达上海，沿途耽搁，最速亦需半月。杭徽公路既通，亦有利用汽车输送者。惟以由祁门至屯溪一段，路系初辟，尚无商营车辆，故利用之者，仍不多见。本年社茶运沪，除屯溪一段，系自备汽车装运外，其他由屯至杭，由杭到沪，事先皆与输运公司厘订合同，负责办理，故结果不但运输时间缩短，而每担所省运费，亦在一元以上。

（二）堆栈。

向例商人茶叶到沪，皆存于茶栈之堆栈。此种堆栈，例多阴暗，租金高昂，且以管理不周，并多偷窃之事。据云偷窃损失，每箱平均约数镑之巨，欲偷窃必须先将茶箱破坏，而因破坏所遭走味受潮等损失，更不可以道路计。今年社茶到沪，皆存于自租之新式仓库，上述各弊，皆一律避免。又因茶叶既存于自租之仓库，随时提取，不受他人勒制，处理售卖上尤多便利。

（三）陋规。

商人茶叶到沪，存入茶栈堆栈之后，一切售卖之事，皆由茶栈经手，货主反多无权过问。其脱售所得茶价，亦须先经茶栈之手。茶价既先经茶栈之手，茶栈因得任意割宰，遂使陋规之多，骇人听闻。今年社茶在沪销售，以有组织关系，并蒙各方协助，许多浪费，自皆避免。例如送茶车力一项，通例以人力输送。为每箱二角，而社茶以用汽车自运，每箱只费五分而已。

（四）报关。

商人茶叶经杭，不论水陆运沪，皆在该处报关，此实由于商人等不明法令所致。今年社茶由杭徽公路直接运沪，在杭并未报关，故不徒报关费用，一概减免，而运输时间，亦大为缩短。杭州报关验关费为每字十六元，报关手续费为每箱七分。

（五）自由售卖。

今年祁茶在沪出售，打破向一家茶栈把持之恶例。凡甲栈兜售不得善价者，即交乙栈代卖。乙栈售卖不力，则改交甲栈，故茶栈无从把持。茶之品质之优劣，则先经数方决定，所得售价与品质相合，则脱售。否则即不售，故今年社茶所得售价，远较商茶为优。此外本年有数家洋行，本愿与合作社直接交易，后因直接交易，恐影响市面，故未大规模积极进行。直接售于洋行，大部分陋规，皆可避免。

（六）直接运英。

我国祁红市场虽在伦敦，然华商经营多集中上海，从无直接运英者。今年社茶到沪之后，凡在上海可以脱售者皆在沪脱售，其中有数茶品质颇好，而在沪讫不能获到其应得之价，不得已乃直接运英，伦敦祁红市价，较沪约高百分之十五。

（七）其他各国试销。

祁门红茶市场，近年皆集中伦敦。惟伦敦外，他处是否亦有销路，颇值一试。本年曾将茶样寄往北美等处。但以祁红特质，知者甚少，非广为宣传，不易见效，故除试样外，并未运送。

（八）国内试销。

此事虽经详细计划，然以事实上困难甚多，未曾实行。香港方面，据说对于低级祁红颇有相当销路，后经派人前往调查，似无大量发展，亦遂作罢。

以上数点，皆系今年推销之大概情形。

四、经费状况

本场经费，分经常、事业两种。经常费每月由中央农业实验所担任四百元，上海汉口两商品检验局各三百元，安徽建设厅七百二十八元零八分。事业费则由全国经济委员会担任之。总计有购置仪器机械及建造房屋等费三万三千五百元。兹将一年来对于经常事业各费收支实况，列表详之于后：

甲、经常费。

祁门茶业改良场二十三年经常费外各款收支状况表

（自二十三年9月1日起至二十四年6月30日止共计10个月）

| | 摘要 | 款数 | | 备考 |
		小计	合计	
收入之部	1.本年度经费结余	4 988.63		
	2.本年度修缮费	600.00		
	3.本年度茶叶售价一部	511.20		运沪出售者暂收500元,其余11.2元,系本场存茶售价
	4.本年度场地租金	4.00		郭口长排,系前省立模范茶场时代,出租与胡烈春兴种桐子茶荪,年纳租金4元
	5.场长存薪	480.00		因已结未支
	6.冯绍裘等津贴	300.00		因已结未支
	7.废铁器变卖	2.25		
	收入总计		6 886.08	
支出部分	1.郭口开垦费暂记	789.24		奉令专案造报
	2.经济制茶费暂记	1 870.67		此项支出,售价收入,或可相低,故此项仍可视作现金
	3.定购机器费暂记	1 500.00		将来实支,恐尚不敷
	4.定购化学用品暂记	355.09		因本年度预算未曾列此项科目,无从列报,将拟请经常费结余项下动支
	5.修缮费暂记	366.24		因承修人兼办公路工程暂付366.24元,余款尚未来场结算
	6.绘制蓝图及代拟预算酬劳	100.00		因本年度经常费薪俸及推广费内均不克容纳,奉令由经费结余项下动支
	7.徐方幹李兆香吴英国津贴暂记	437.50		
	8.婺源坳里两合作社暂借	180.00		因该两社制茶业务,无法结束,暂借应用
	9.祁委会本年度办公费结存	163.80		冯绍裘先生前次来场暂支旅费120元在内
	10.垫支七月份经费一部	687.61		
	11.其他暂记	435.84		
	支出总计		6 885.99	

乙、事业费。

祁门二十三年度事业费收支状况表

科目	预算数	实领数	实支数	余数	未领数	备考
祁场开办费	$33 500.00	$16 368.00	$7 083.00	$9 285.00	$17 132.00	
建筑费	14 000.00				14 000.00	
机械仪器费	17 000.00	15 768.00	6 453.00	9 285.00	1 232.00	
机械	14 778.00	13 546.00	6 483.00	7 063.00	1 232.00	
仪器	2 222.00	2 222.00		2 222.00		
修缮费	1 500.00	600.00	600.00		900.00	
特别费	1 000.00				1 000.00	

附　录

祁场二十四年度业务计划大纲草案。

本场自去年改组以后，当经拟具计划，呈奉核准施行。一年来之工作进行，亦即以之为依据。顾以地方不靖……人事物力，胥受限制，遂使原有计划，未能一一实施，此本场同人，深滋惭愧者也。兹二十四年度又复开始，本场对于上年度已办未竟之工作，及将来应行扩充之事业，在此未来一年内之业务计划，似宜急予妥拟，俾作准绳。兹特将所拟大纲，就扩充整理试验及推广四项，揭述如次：

一、关于扩充作业者

（1）增设推广股

本场办理合作，原属技术股，指定技术员一人专任其事。但合作事业，浸推浸广，似非一人之力，所能应付。兹为增进效率计，拟另设推广股。

（2）增加技术员。

本年度技术员拟定三人，助理员二人，为求研究之精密周到计，拟增加专治病虫害者一人。

（3）添建房屋。

（甲）制茶工厂。图样业经呈核，本年度当可全部完成。（乙）职员宿舍。现有宿舍，拟改为总办公室；办公室改为研究室。至于职员宿舍，拟另行建筑。（丙）工人宿舍。本场数十工人尚无特建宿舍，拟即另建。（丁）育种温室。育种工作极关重要，温室之设备，绝不可缓，拟即建筑。（戊）装置储茶室。本场尚无储茶室，诸。多不便，拟即装置。

以上甲项系已在进行之工作，丁戊二项，系本年度扩充事项。

（4）充实各项应用器物。

制茶用具，栽培用具，防治茶叶病虫害用具，测候仪器及参考研究图书等，上年度或已稍有补充，或尚未备置，本年度内咸拟尽量充实。

（5）修理机器。

原有旧机器，多不适用，拟予修缮。

（6）增开试验茶园。

（7）改进郭口茶园

上年所垦辟之茶园，工程方面以限于经费，未免失之粗率，须加整理。

（8）厘订平里茶园区划。

（9）继续整理茶园中之沟渠行道。

（10）扩充苗木。

二、关于整理作业者

（1）改正茶园地积。

（2）办理茶树株丛之统计。

卷称茶丛四万零八十二丛，经指数结果，仅二万九千三百二十六丛，其中株势特小，不堪采摘者二千一百九十九株。他若缺丛、劣丛等，拟分别予以补充及淘汰。

（3）实施茶园之复兴工作。

上年度经普遍施肥以后，本年采摘大都较早，收量亦见增多。本年拟特备复兴专款，予以实际耕培，俾荒废者得以复其原状，产量得以增加。

（4）粗放茶树之整理。

（5）征集种苗。

本场在安徽省立时代，曾经两度征集，顾所得至少。本年度拟呈请祁委会转请农业处行文征集。

（6）肥料自给。

本年度拟尽量搜求绿肥种苗，从事培植。

三、关于试验作业者

（1）育种试验。

另有计划。

（2）繁殖试验。

（甲）有性繁殖。上年度之试验有四，本年度拟重复行之，并斟酌需要，增加二三种。（乙）无性繁殖。仅行插枝法之一种，成绩不佳。盖因截取之茶枝太短之故。本年度从十月起，拟行插穗长短比较试验。

（3）栽培试验。

另有试验计划。

（4）制造试验。

（甲）萎凋试验。（子）减少水量之研究。（丑）日光萎凋与温度之关系。

（乙）揉捻之试验。（子）人力揉捻与机械揉捻之比较。（丑）机械揉捻与压力增减之关系。

（丙）气干试验。（子）气干与否之研究；。（丑）发酵前气干与发酵后气干之研究。

（丁）发酵试验制茶作业，此为最感辣手之一事，本年度拟以此为试验中心。（子）发酵与温度之关系。（丑）发酵与湿度之关系。（寅）较老叶子之发酵研究。（卯）低温烘干之再发酵研究。

（戊）烘干试验。（子）竹笼烘干与机器烘干之比较。（丑）烘干与温度之关系。（寅）烘干次数及其各次干燥程度之比较。（卯）烘干与水分含量之研究。

（己）民间毛茶精制研究。祁红制造，初制由于农民，精制由于商人。品质之优劣，均受精制之左右。本年拟收买民间毛茶，从事研究，探求其所以劣变原因，俾资补救。

（庚）劣茶之改正研究。祁门红茶裂变之最多者，一为烘过火而有焦气；一为发酵过度而有酸味。此种劣变之品，有无改善余地，亟待研究。

（5）病虫害之防除研究。

四、关于推广作业者

（1）发展合作。

（甲）旧社之整理。（子）严密并扩大合作社之组织。（丑）无改进希望者予以停止。（寅）业务之合理者，予以奖励。（卯）依限收回借款。Ⅰ出品不及预算数者，累计所少之平均价，严格索回。Ⅱ因他种原因短少者，须令还出三分之一；其余准予展期，但须有担保。

（乙）新社组织之标准。（子）就旧社之邻近村坊，为连续之推广。（丑）每一区域中，连同旧社，至少应有三所；否则出品须在三百市担以上。（寅）社员复经详细调查及相当训练。

（丙）完成区县联社（子）每区有三个社者，成立一区联社。（丑）健全县合社之组织。（寅）各社监督事宜，会同县联指助区联办理。（卯）各社请求事宜，以区联为承转机关。（辰）各级组织之理事长，不得兼任。

（丁）各社业务之统制。（子）改善借款办法。（丑）监事交换监督。（寅）严格执行预算。（卯）完善制茶设备。（辰）试办共同制茶。

（戊）兼营桐油运销。祁门特产，除茶叶外，当以桐子为大宗。每年秋收之日，恒受当地油商抑价之苦。兹拟由县联设立油坊榨油运销，或径运桐子至武汉沪杭，委托油坊代为榨油。

（己）创立供给合作社供给物品如次：（子）制茶一应器物；（丑）肥料；（寅）食粮及食盐。

（2）产销指导。

（甲）办理特约栽培之示范茶园。

（乙）代各社设计制茶事宜。

（丙）编辑制茶要览。

（丁）举行各社职员讲习会。

（戊）实地协助运输。

（己）实力协助推销。

（3）茶事调查

（甲）至德、浮梁之茶业调查。

（乙）祁门茶业之精密调查。

（丙）编辑祁门茶业统计。

祁门茶业改良场委员会组织规程

二十三年九月二十六日核准

第一条　本委员会由全国经济委员会实业部、安徽省政府联合组织定名为祁门茶业改良场委员会。

第二条　本委员会以全国经济委员会代表二人、实业部代表三人、安徽省政府代表二人组织之。本委员会设常务委员三人，由全国经济委员会实业部、安徽省政府各就委员中指定一人担任之，并设秘书、主任一人，由常务委员就委员中推选之。

第三条　本委员会设茶业改良场于安徽祁门，其组织规程另定之。

第四条　本委员会之职权如下：

一、审订祁门茶业改良场每年工作计划及监督其实施。

二、决定场长人选。

三、审核该场经费之预决算。

第五条　本委员会为促进该场工作起见，得聘请场外茶业专家为顾问。

第六条　本委员会每半年开常会一次，由常务委员召集之，开会之地点及日期均由常务委员指定，遇必要时得开临时会。除各委员外，经常务委员之同意，得请其他人员列席，但此项人员无表决权，开会时以过半数委员之出席为法定人数。

第七条　本委员会决议事项交由常务委员执行，并呈报全国经济委员会实业部、安徽省政府备案。

第八条　本委员会常务委员办事细则另订之。

第九条　本委员会委员及顾问均为名誉职。

第十条　本规程得以本委员会之议决，呈请全国经济委员会实业部及安徽省政府核准修改之。

第十一条　本规程自全国经济委员会实业部及安徽省政府核准之日施行。

祁门茶业改良场委员会常务委员办事细则

第一条　本细则依据祁门茶业改良场委员会组织规程第八条之规定订定之。

第二条　常务委员办公地点暂设于全国经济委员会农业处。

第三条　关于一切日常公文之处理及茶叶改良场工作计划之审订，均由常务委员发交秘书主任负责掌理之。

第四条　秘书主任专管内部之日常行政，对外文件均由祁门茶业改良场委员会常务委员名义行之。

第五条　祁门茶业改良场委员会对全国经济委员会实业部、安徽省政府及其他上级机关用呈，对祁门茶业改良场用令，其他机关用函。

第六条　祁门茶业改良场之经临各费均由本会请领转发，其请领手续及书式另订之。

第七条　改良场应于每旬作收支旬报表，每月终作收支月报表并工作月报表各三份，按期呈送常务委员核阅。

第八条　秘书主任得视日常事务之繁简，任用干事一人。

第九条　本细则自全国经济委员会实业部、安徽省政府核准备案之日施行。

祁门茶业改良场组织规程

二十三年九月二十六日核准

第一条　本规程依据祁门改良场委员会组织规程第三条之规定订定之。

第二条　本场受祁门茶业改良场委员会之指导及监督。

第三条　本场分事务技术二股：

甲　事务股执掌如下：

一　关于收发、撰拟、保存文件及典守印信等事项。

二　关于编制统计报告及刊行出版物等事项。

三　关于款项出纳及编制预算决算等事项。

四　关于场有产物及器具之保管、购置、交换及发售等事项。

五　关于工人之管理事项。

六　关于其他不属于技术方面之一切事项。

乙　技术股执掌如下：

一　关于茶叶制造装潢事项。

二　关于茶叶栽培试验事项。

三　关于茶叶调查统计事项。

四　关于茶叶改良宣传推广及指导事项。

五　关于练习生之训练及会同事务股管理工人事项。

第四条　本场设场长一人兼技术主任，由本场委员会遴选委派之，秉承本场委员常务委员之命，综理全场事务。

第五条　本场设事务员二人至四人，承场长之命办理事务股一切事宜。

第六条　本场设技术员及助理员三人至五人，承场长之命办理技术股一切事宜。

第七条　本场技术员、事务员、助理员由场长商承委员会常务委员派充之。

第八条　本场遇必要时得招收练习生，其办法另定之。

第九条　本场办事细则另定之。

第十条　本规程自全国经济委员会实业部、安徽省政府核准备案之日施行。

祁门茶业改良场委员会委员一览

姓名	别号	籍贯	通讯处	备注
许仕廉	以字行	湖南	经济委员会农业处	

钱天鹤	安涛	浙江	中央农业实验所	
刘贻燕	式庵	安徽怀宁	安徽建设厅	
杨承训	孟纪	湖南长沙	经济委员会	现在杭州
俞同奎	星枢	浙江德清	经济委员会	代理杨委员承训
徐廷瑚	海帆	河北蠡县	实业部	
方君强	以字行	安徽桐城	安徽建设厅	
吴觉农		浙江	上海商品检验局	现在印度考察

祁门茶业改良场委员会常务委员会职员一览

职别	姓名	别号	籍贯	通讯录
常务委员	许仕廉		湖南	见前
常务委员	钱天鹤		浙江	见前
常务委员	刘贻燕	式庵	安徽	见前
秘书主任	吴觉农		浙江	见前
代理秘书主任	刘淦芝		河南	经济委员会
干事	陆逢世	凤书	江苏	经济委员会农业处

祁门茶业改良场职员一览表

职别	姓名	别号	籍贯	通讯处	备注
场长	胡浩川		安徽六安	本场	
技术主任	胡浩川		同前	本场	
技术员	冯绍裘	挹群	湖南衡阳	经济委员会	在经济委员会工作
技术员	张维	辅之	安徽桐城	本场	
技术员	童衣云		江苏吴县	本场	现已辞职
技术员	潘忠义	俊文	安徽桐城	本场	
文牍员	张本国	宁甫	安徽霍山	本场	
会计员	刘时敞		湖北阳新	本场	现已辞职
事务员	孙尚直	在明	安徽贵池	本场	
助理员	姚光甲	耀武	安徽望江	本场	

《中国实业》1935年第1卷第10期

咨实业部赋字第一三七六四号

二十四年三月十六日

案准

贵部二十四年三月六日商字第三二七七六号咨，以据祁门茶业同业公会呈请豁免出洋箱茶税捐等情，咨请查核办理等因。

查此案前据该同业公会迳呈到部，当以"呈悉。查皖省现行税率出洋箱茶按照资本额征收千分之六，系仿鄂省成案办理，经由皖省府呈奉豫鄂皖三省……专案核准，并经咨部核定备案，来呈所请令厅准予暂行豁免出洋箱茶税之处，碍难照准，仰即知照。"等语批示在卷。

兹准前因，相应咨复

查照。

此咨

实业部

部长孔祥熙

《财政日刊》1935年第2114期

祁门茶改场将建新场

祁门茶业改良场，将改建新场，业经全国经济委员会农业处赵处长，实业部中央农业试验所钱所长，亲赴祁门县察勘，以县城附近之凤凰山，最为适宜。建厅以该场场址，虽经大致决定，惟场址面积之区分，亟应派员早为测定，以凭规划。经于月初令饬屯景路祁惟段工程处派员前往测量，并令祁门茶业改良场，迳与该处接洽。又，前全国经济委员会农业处赵处长，偕同实业部中央农业试验所钱所长，来祁视察南路坪里茶业改良场状况，并察勘南门外凤凰山一带，建筑新场址，地点居全祁中心，对施行改良计划、研究灵捷，容易统驭。兹据坪里茶业改良场章助理员谈，谓该场胡场长，近奉全国经济委员会委任，监造凤凰山新场址，于八日随胡氏到城，即开始办公。连日督率测量技师，进行测量工作，计从南门外菜园坦起，至凤凰山附近田坦止，测定为建筑新场基址，约三四日，即可测量完竣。将来对占用民间田坦，每亩公估价洋三十元，预算建筑费甚巨，概归全国经济委员会拨发。有定秋后兴工之说，并拟在凤凰山新场址开筑短途五十华里汽车道，以达南路坪里茶业改良场，以便联络实业区，进行一切计划。

《安徽政务月刊》1935 年第 10 期

祁门茶业改良场品种改良计划大纲

一、品种改良之必要

茶业改良，自以育成优良品种为根本之要图。一般作物，虽少固定品种，但民间亦未尝竟无所有，供应选用。茶树变种，原极繁多。民间但有极粗放之命名，大都就叶型而状其所似。祁门凡大叶型者，概称为榉树种（榉亦作株，按其名物实为槠）；小叶型者，概称为栗漆种（按：栗漆为檵）。所分未谛，姑不置论。即此粗放品物，亦复漫无选别，混淆种植。甚至求一个株丛中之所有茶树，完全近似，且不易得。

品种不绝，则采制之经营，即不易有合理之标准。已成茶园，既无可挽回。新植茶园，亦唯有放任。长此以往，彻底改良，终于无望。优良品种育成，固非短促时间所能成事。万一再事因循，势必遗误茶树百年大计。本场关于茶树品种改良，责任攸在，暂拟办法之大纲如次。

二、品种之采选

甲、采选标准。

1.形态有特征者。

2.树势发育强健，具有特殊抵抗力者。

3.发芽期之不同者。

4.发芽后伸育缓速之不同者。

5.制茶品质之优异者。

6.具有其他优美之性质者。

乙、采选方法。

1.按时实地搜求。

（Ⅰ）从各地茶园中；

（Ⅱ）并山林野生者。

2.特约征求。

丙、采选后之处理。

1.入选茶树即时或待至适当时，从事迁移。

2.入选茶树，命名"茶树品种标本"；划地设"品种标本园"编列号数，定植其中，株行距离相等，且须较经济栽培者特大。

3.中耕、施肥、除草而外，虫害、病害、冻害、霜害之防除，按其情形定实施与否，枝条任其自由发展，一律不加整定，秋生花蕾，除留若干任其开花结实，供观察用外，悉数摘去。

4.定植一周年后，即使用新生枝条，于温室中行无性繁殖之插枝法，作成若干幼苗。

丁、品种标本之考察。

1.发芽期之早晚。

2.发芽数之多少。

3.发芽后伸育之缓速。

4.新芽之耐老性。

5.耐寒耐病等之能力。

6.树势、叶间、叶态、叶色等之症状。

7.定植满二年后，施行采制，鉴定制茶品质。

8.品种标本经试验后，认为优良者，命名"茶树品种母本"；即将已经繁殖之幼苗，以一小部分使用钵植，冬期并移入温室中，以一大部分定植于特设之品种母本园中。

三、品种母本考察并决定试验

甲、母本之考察。

1.同于品种标本丁项之（1）至（7）目；并与品种标本为对照之考察。

2.温室中栽培及母本园中栽培之生育程度；为对照之考察。

3.收量之统计。

（Ⅰ）采叶之数目；

（Ⅱ）采叶之重量；

（Ⅲ）每亩收量之推定。

4.收获次数之比较。

（Ⅰ）仅行春茶采制者；

（Ⅱ）加行夏茶采制者；

（Ⅲ）兼行秋茶采制者。

乙、品种母本之决定试验。

优良之母本，进行育种试验。

四、优良系统之育成

甲、育种之目的。

使用母本自花受精之种子育苗，为次代之鉴定；并分型育种法，行品种之育成。

乙、育种之方法。

1.母本开花时期，覆以金属钢制之笼中，放入蜜蜂，为花粉之媒介。

2.翌年种子老熟之前，承以纱袋，待其老熟自落。

3.种子落下，次递收储。待其全部落下，立即以发芽器播种，并放置于温室内。

4.发芽伸根之后，移入设于温室之苗床中。

5.生产至适当时，设"系统育种园"施行定植，为普通之肥培管理。然后行纯系淘汰，逐步育成高级统系。

6.各系统内之每一个体，凡有关育种应行注意事项，均须精密考察。

7.育成之优良品种，各就其特征命以定名，并须注意其通俗，如早芽种，晚芽种……之类。

五、优良品种之繁衍

1.设立各该品种之采种园，植入行次代鉴定之优良实生苗及无性繁殖之分生苗，育成大量母本。

2.各该品种之母本，不行剪定，不施采摘，专供采取种苗繁殖之用。

六、育种之基础研究及试验

甲、茶树繁殖法之研究。

1.关于有性繁殖法者；

2.关于无性繁殖法者。

乙、幼苗促成栽培之研究。

1.关于实生幼苗者；

2.关于分生幼苗者。

丙、茶树之生理研究。

丁、茶树之造传研究。

戊、品种与制茶种类之研究。

己、品种与环境相关作用之研究。

庚、生产成分与制茶品质相关作用之研究。

附祁门茶业改良场茶树栽培试验计划说明

吾人欲从事茶树栽培试验，并期望其结果得有精确之可能性，必先研究茶树之特具性质，究属何似。

（1）茶树系永年作物，由种苗达到相当成株，并经常收获之年龄，至少须八九年。

（2）茶树为深根作物，主根甚长，支根之伸延范围，亦颇深广。

（3）茶树为常绿灌木，年中不绝生长，以种以植，以养以获，但有季节起讫，而无首尾结束。

（4）茶树荣养器官之茎与叶，一年能行数回之采取，所采限于新生部分，不及宿生者。

（5）茶树为永年作物，积年累岁，采叶无已，土壤中之养分，以消耗而偏枯过甚。

（6）茶树为永年作物，开花结实，虫伤病害，逐年各不相等，其本身由内因及外因之诱致强弱，于以形其悬殊。

（7）茶树为永年作物，逐年人工经营，难为一致周到，亦引起本身荣枯之不平衡。

（8）生产品质，受人工管理之有精粗，差异甚大。

此其所述，尚属一般茶树之所同具。本场茶树，又有特具者若干事。

（1）品种夹杂不纯。

（2）株丛排列既不规则，树势又有大小。

（3）发芽开始而有先后。

（4）发芽后之伸育，又有缓速之不相同。

（5）茶园面积，概不整饬。

（6）平地茶园地面，亦多不平坦者。

（7）杂草繁殖，往往以类而聚。

（8）边缘茶树生育优异，特为显著。

以如是之茶树，当然不能漫然从事任何试验。其为品质研究，疑难固较产量为轻，究亦不尽可据。但必待到预想合理茶园作成而后实施，则目前并固定之品种而亦未有积极进行，自即日始，至少迟过十年以外，乃可完其准备。事实上之迫切需要，自无因噎废食可能。此则唯有采取有效方法，藉以减免所知差误。使试验之结果，得增加其可靠之程度。是项设计，与其认为"过渡救济"，毋宁谓之"根本解决"。何则？试验效果，重在推行。民间茶树经营之不合理，尤为仪态万端，改善之普遍化，真不知其何日？苟有绝对一般应用之近似理实，在吾人之掌握中，放手工作，则亦可以无憾。

准此，先就本场茶树易致试验，尤其是产量上入于错误之特殊疑难所在，设计减免具体办法，条陈于次。

（1）置品种于不顾，至多作为参考之资。

（2）以每一株丛为试验用之单元，则园地面积之不整饬，株丛之参差，行间株间之不规则，均可藉以降低，其盖误一部分。

（3）采摘以芽叶发育程度为标准，假定新芽发展至第三叶时实行采摘，即一律绝对不使之有过或不及。如其为第四叶，则亦同然。其有茎部发育不健全之畸零叶子，仅具一叶或两叶，三叶者，"六安茶农习谓之单版叶，一对版叶，三版叶；当地概称之为对夹皮"，——留到最后采摘。如此，萌发早迟，伸育缓速，均不成为问题。

（4）边缘茶树，概不用为试验材料。

（5）茶树形态畸异者，一概舍去，舍弃以多数比对为标准，如特大，特小，及具有病征之过甚者。

（6）茶树系常绿灌木作物，收获之目的物在叶子。无论年采为若干次，岁晚之所生者，终必予以留蓄。春季所采，乃其第一次之新生；二次所采，乃其再生之子。子而孙，孙而子，即采至无数次，而宿生之叶子仍复存在。不若他种采叶作物如桑树等，所得全为一年一季之生产纯量。凡欲为某种之处理试验，先作空白试验一年，例如肥料试验，即先一年不施肥料。试验前之所得产量，就单元分别记录。试验后之所得，再予同样记录。从事结果之分析时，用前一记录作基因数，与后一记录作效果数，以求此效果数之比例得数，为分析之标准量。举例言之：试验处理之方式A，B，C，D四个株丛，其试验前之收量，假定为50、60、70、80公分，以之作分母。试验后之收量，假定为60、75、75、90公分，以之作分数之分子。由是求前一收量之最小公倍数，所得为8400，即以此各单位所得8400，中乘积之因数，求两年之分子数，由后一年之收量中减去前一年之收量，即是：

A=60×（8400÷50）－50×（8400÷50）=1680

B=75×（8400÷60）－60×（8400÷60）=2100

C=75×（8400÷70）－70×（8400÷70）=600

D=90×（8400÷80）－80×（8400÷80）=1050

但此收量经此变化，虽其性质在比例上未生差异，较之原数，未免过巨，此可以A之原数60公分，除其变数：

A=1680÷60=28

即使用此所得之商遍除各数：

A=1680÷28=60

B=2100÷28=75

C=600÷28=21

D=1050÷28=38

设使对照株丛两年收量为80及85，亦增五公分，估前一年收量十六分之一，即以此五公分为对照株丛之产量，并从受试验处理之株丛中，各减其所有量十六分之一，应得各式如下：

O=［85×（8400÷80）－80×（8400÷80）］÷28=［8925－8400］÷28=18.8

A=60－1/16=56.8

B=75－1/16=70.3

C=21－1/16=19.7

D=38－1/16=35.6

对照株丛，或使两年收量为80及70公分，实减十公分，估八分之一且为负数。

此则即以后一收量为准，其他各数，各应加入十分之一。得下列各式：

G=70×（8400÷80）=7350

A=60×（8400÷50）＋1/8=11340

B=75×（8400÷60）＋1/8=11813

C=75×（8400÷70）＋1/8=10125

D=90×（8400÷80）＋1/8=10181

至此，再行使之还原。前文已及，不再列式。

其他如有数字增减，均可准此推演，使归一例。

以上六项办法，均为解除本场茶树之特具疑难（实际无处不然）而设。此其所见，前五项或疑问无多。试验所得之收量，予以比例变化，实质未殊，名数已改，万一而有可能，应用差异分析，以之代入任何所欲凭藉之一公式，亦与一般试验作物同料。则结论之解释固亦不敢谓其必有意义；为试验之试验，容或无妨一为之子。

此外尚有一事，须经郑重提出者，即任何处理试验，均从事于纯一试验，不为复杂试验。如施肥与中耕，固应各别进行；即是同属施肥，肥料种类试验之中，绝不兼及肥量探求。应不畏麻烦，各事所事。无他，茶树试验上已知之系统差误之源，既如此其繁多，虽为设计，使之减低，但犹难至最低限度。试验之目的必愈求简单，则难为统制之试验之差误，从事估计，可以较为真确或属类相似。因茶树栽培试验过程上所有之手续，无不有相当之烦难，就中收获一事，以萌芽伸育为标准，尤不易其免于严重之差误，观察既须极端精密，采取更须特别审慎。试验目的果趋复杂，重复势必增多，人力应付，即无法达到如意之充分。重复过少，则在机会上之偶然差误，又将以之愈为不免。乃辛苦艰难所得之结果，必为减削价值上之可靠属性。

茶树栽培上之一应试验，施肥似应据无上之中心。茶树属于永年作物，固植一隅，经时既久，土壤势必因其营养吸收之有强弱，差异程度，愈入错综。是则土壤差异测定，绝非二三年之短促岁月，可以尽其能事。致肥料之试验，除园地试验外，应助之以盆缺试验。缺植之材料，使用育种所得之幼苗（此项种苗，是否即属优良，系另一问题；但有品种终远愈于无品种）。无论系自花受精之实生苗，抑或系无性繁殖之分生苗，均须合下列之条件：

（1）种源同一母树。

（2）扦插用水，取更新法之同时蘖生者。

（3）育种同一时日。

（4）幼苗选充试验材料，不仅汰去其畸形病态者，茎之高度、圆茎、校歧、叶数、根长，以及全体重量，均须求其类似平衡。

钵植所用土壤，采于山上茶园。半为新土，半为表土。各别干燥而后。充分棰细，筛以细眼金属钢之筛子。溶之于水，淘尽沙粒。取其沉淀晒干，权定每钵所需分量，逐份加入各有等级（利用筛分）之同量砂砾，充分混合之。心土装入钵之底部，表土装入上层。植入时间，恰当年中生长间歇既定之后。植定完成，以偶然化之排列法，置于空旷之露天平地上。第一年中但行精密之观察与管理，绝不施给任何肥料，即灌溉亦用雨水或经过搅和之水。既经周年之后，逐一检验比较，发育之悬殊者，概行舍去。即其稍优与稍劣者，苟未知其原因所在，亦复不以供应试验，淘汰极少，不妨视为缺株；多则减少重复，兼并补充，并予交互变更排列。由是实行施肥试验，因差误之既少，即以收量为统计分析之直接数字（前述第一收量与第二收量，求其结果于比例，有无错误，亦可藉是判明）。

《安徽政务月刊》1935年第11—12期

祁门茶业改良场二十四年度业务计划实施补充费概算

窃查本场二十四年度经常事业应需开支，前经编具预算呈送，钧会核定在案。兹按本计划所列事项，或为前所未及，或系临时支出，均为前预算所未列。为求计划完全实现及便于实施计，特就必需而应补充者附拟概算如次伏乞赐予并案核定！

计开：

（甲）经常费。

一、增设推广股	5280元	（1）薪水	4080元	Ⅰ推广主任	1800元	月支150元
				Ⅱ推广员	960元	一人月支80元
				Ⅲ助理员	1320元	月支40元一人,20元2人,15元者2人
		（2）推广费	1200元	旅费	1200元	平均每月100元

二、增加病虫害技术员	1200元	薪水	1200元	一人月支100元

（乙）临时费。

一、建筑费	5100元	1.温室	4000元	
		2.工人宿舍	600元	
		3.储茶室装置费	500元	
二、平里茶园复兴费	500元	肥料费	500元	
三、郭口茶园改造费	720元	工资及工具	720	二十二年度郭口新垦茶园120亩，失之粗放，全都改造，每亩六元约须如上数

以上合计：经常费6480元，临时费6320元。

《安徽政务月刊》1935年第11—12期

祁门茶运销合作社向沪银行借款救济茶市

祁门茶业改良场，拟购置改良茶叶之最新式机械，因需费甚巨，特派员至沪向上海银行商借，条件即可谈妥，银行方面拟请皖建厅加以介绍，并须试办三年，即可订立合同云云，兹志各情如次。

皖合作社接洽借款。

此次皖省派往接洽之代表，确为皖建厅设立之祁门茶业改良场长胡浩川君，该场并非需要商借款项，亦无购置机械之拟议，现向上海银行方面请求放款者，系该处茶叶运销合作社，胡君系代表合作社至沪，因皖省采茶区域，向以祁门县为大宗。该地已于去年成立茶叶运销合作社四处，每年销售出国者数达七八万箱，国内则更不止此数。现因合作社方面，办理此项巨额运销事宜，甚觉不敷周转，拟在今年再行增设二社，方能运付裕如。上海银行在上年度已陆续放款三四千元与该处合作社，颇收成效，故此次请求，虽尚未有具体答复，大约不致发生问题。该行并以沪皖遥远，情形不无隔膜，故特派该行办事员班建生君往皖，常川驻在该处，以更接洽一切，已于昨日启程。建厅方面亦已有正式公函介绍，惟金额若干，须视班君达到后，视察该处需要而定，运销合作社方面，虽办理运销事宜，但亦谋种种改良方法。

改良茶种以谋畅销。

茶华之好坏，关系销路甚巨，故合作社与改良场互助进行，以谋挽救。祁门茶早经驰名世界，但因种植与制造，均墨守成法，甚少进步，该社对毛茶精制，甚为注意。今春新茶登场，务使妥善采制，一切俱科学化，以求增加销额。但改良固属重要，经济则尤属前提。内地因遭天灾匪祸，农村经济，早已破产，农民但求早日脱销，不顾一切，结果反被收买庄行，任意剥削，欲求进步，诚为难能。迨合作社成立，农民已获益不少，今再增加二社，继由上海银行，增大放款金额，即祁门茶之前途，诚可乐观云。

《经济旬刊》1935年第4卷第4期

祁门红茶将出新

祁门红茶，自中国农民银行加入投资后，形势突趋活跃。据所得消息，祁门、浮梁、至德各路制茶庄号，已有二百三十家之多，将来出产额数可得五万箱以上。迩来天时乍晴乍雨，茶户鉴于号家收青，已于十三日开始采摘，日内即将出新云。

《农林新报》1935年第12卷第12期

皖祁门红茶免税五年

实业部前据祁门茶叶产销合作社联合社呈请，以祁门红茶，受商人剥削奇重，成本过高，连年惨败，请根据……第六条规定，电请安徽省政府豁免捐税五年。经该部据情向皖省政府接洽后，现业经该省府咨复，允予免税，惟以祁门茶叶产销合作社联合社所属七合作社所产者为限。

《农林新报》1935年第12卷第21期

祁门茶市衰落

巢 仁

祁门红茶，产丰价俏，向居徽茶首席。往岁茶市鼎盛，婺、休绿茶最高价犹不及祁红售价百分之六十。近年婺源、休、歙茶农茶商，遭市价惨落之重大压迫，陷入深渊，几无复有抬头之希望。祁门红茶，虽同此遭际，然尚能在艰苦环境中拼命挣扎，于制法则力谋改良，于运销则组社合作。更有平里茶业改良场作技术的指导，农民、上海等银行资经济的调剂，似未可诬为人谋之不减矣。顾事实昭告吾人者，乃大谬不然。报载所谓银行贷款，数极稀微，而沪上钱庄，自订新章，成主紧缩，金融枯涸，调转不灵如故。所谓组织运销合作社，成立者虽有二十余家之多，亦因组织多欠严密，每为少数不良分子所操纵。……

《新安月刊》1935年第3卷第6期

皖祁门茶场向沪银行借款，
作购置改良茶叶机械之用

安徽祁门红茶，驰名世界，但因种植与制法墨守成法，致尚少进步。皖建厅有鉴于此，特设立祁门茶业改良场，成立以来，成绩甚著，并附设茶叶运销合作社，统筹茶业运销事项。该场鉴于祁门茶户种植制法，亟应加以改良，拟用新法裁制，但购置此项机械，价值浩大，特向上海银行商借，业已派员来沪接洽，条件即可谈妥。现两方尚在磋商者，上海银行方面，拟请安徽省建厅加以介绍，并须试办三年，俟建厅加以介绍后，即可订立合同云。

《申报》1935年1月23日

皖赣采茶区代表来沪，洽商采购红茶办法

国产红茶，向以安徽之祁门、江西之浮梁两县为大宗，每年销售出国者，数达七八万箱。去年因遭匪祸天灾，以致一般人迄未采制。兹闻该地茶商程宜民等，近拟具妥善采制办法，来沪与各茶栈切实商酌，准备于二月中旬返皖，着手进山采制。

《申报》1935 年 1 月 23 日

来　函

启者，贵报廿四日所载，祁门茶业改良场向上海银行借款一节，完全为面壁虚构之作。祁门茶业改良场，为全国经济委员会、安徽省政府、实业部中央农业实验所及沪汉两埠商品检验局所合办，志在改良茶叶品质，及指导茶农合理生产。现拟购办大规模之制茶机械及建筑新式制茶厂，款项悉由经委会指拨，与上海银行并无借贷关系。乞即更正为幸，此颂台绥。祁门茶业改良□□□□□处启。

《申报》1935 年 1 月 27 日

祁门茶叶公会呈请豁免出洋箱茶税捐

（南京）祁门茶叶公会呈请财实内部，请豁免出洋箱茶税捐。财部批示云：皖省现行税率，出洋箱茶，按照资本征收千分之六，系仿鄂省成案，径行皖省府，呈由三省……专案核准，并经咨部核定备案，所请碍难照准。（二十八日专电）

《申报》1935 年 3 月 29 日

皖建厅长刘贻燕到京之任务

（南京）皖建厅长刘贻燕在皖省近拟发行之建设公债四百万，因押保基金无着，已决定作罢。此来系与经会实部，商改良祁门茶叶事，改良费用已由经会拨款三万余元，为购买机器及建筑房屋用。现机器已经购定，定十七日即赴祁门察勘建屋地址。（十六日专电）

《申报》1935年4月17日

祁门茶业请减税率

（南京）祁门茶业同业会电呈中央，请令皖省府对出洋箱茶，遵照千分之六税率征收，以轻负担。（十七日专电）

《申报》1935年4月18日

皖赣茶市新声

谷雨过去，立夏即来，向称出口大宗之茶市，跟着时序之轮回，又届开展活动时期矣。徽赣各地红绿茶号，均正忙于运筹握算，准备登场，形势紧张的一团茶市空气，几笼罩于产区各地。恃茶为经济生命之山户，更盼此茶神之降临，拯彼穷困。但在此海外市场充满不景气之下，本年茶市前途之为荣为枯。此际尚难逆料，记者姑将旬日来表现于外之各产地茶业发动情形，亟探述之如次。

....

屯溪为徽属茶市中心，自民十四年后，各号连遭亏折，间有两年小获盈余，结果还是得不偿失。全市茶号数十家，大半筋疲力竭，乏资撑持。今岁定事茶号，仅有二十余家，余均望着栈方及金融界贷款接济，再谋复业，市气之消沉，前所罕见。茶行方面，往昔拥有厚资者，一过清明，则纷纷放款于茶贩，垫供采茶食米之需。今则闭门不纳，兴致索然。山户方面，因茶商迄未放款，无力购米、施肥、雇工、修具等之准备，焦急万分，栈、号、户三方，打成一团之沉闷气象，遂使屯埠茶市，黯无生机可言。

祁门红茶，遭频年挫败，茶商无不因创重资穷。惟该邑经济生命线，大半托系于茶，勉能为力之茶号，均挣扎奋□复业，冀有桑榆之收。现该邑新茶，得本旬天气暖雨，茶芽抽长，白毫毛峰，正堪开采。栈与茶号，以本年山价可降，交通便捷，存茶枯薄，咸转悲观为乐观。驻祁各栈，刻已开始放汇，银根较前活□，兼之四省农民银行，又直接贷款于茶号。金融周转，虽不及往年之灵活，但亦少胜于无。茶号得兹救济，不啻是起死回生，计全邑茶号复业者，截至本旬止，约有一百八十余家，较上年减少百家左右。

…………

《申报》1935年4月20日

皖浙新茶山价下落

婺邑绿茶，采制完竣，已有旬日，往年茶号不待山户收园，即出秤搜买。今岁鉴于祁门、遂安头茶新盘不佳，比旧还落。前之希冀外销市价好转者，今皆大失所望。因是□低山价，茶户以米价倍贵，人工未减，对号方出盘（三十○元），得不偿失，一致扳起不沽，相持迄今。除上周有一数家一度开秤外，近日户号谈盘成交者，又复寂然无闻。今日（十九）东北路茶号，已有出秤，预料当有大批开盘，山价总在四十元左右，比上年须低十念元，本年新茶产额，因受去岁秋多干旱，立夏前后少露多寒影响，收成大歉。兼之北路八区菊经源、七区孔村源、西路严田源一带数十村庄，遭散股土匪之踞扰，茶叶全未开园，损失殊巨，综计全邑茶产统扯，较旧只及六成左右云。

《申报》1935年5月29日

祁门茶业税免征五年

（南京）实部据祁门茶叶产销合作社联合社呈请，代向皖省府接洽，豁免茶业捐税五年。现业经皖省府咨覆，允予免税。惟以该茶叶产销合作社联合社所属七合作社，所产者为限。（十四日中央社电）

《申报》1935 年 7 月 15 日

本埠茶叶公会贡献改良茶叶意见

全国经济委员会为改良华茶生产及推销起见，特于日前派遣该会委员佘勇、程启东前往本埠茶叶公会，探问茶市近况，并征询改良意见。昨据该公会负责人谈，略谓公会方面，已将改良意见，贡献于全国经济委员会，内容约分六点：（一）关于生产改良。须注意松土耘草，补种施肥。例如每年七八月之间，应于植茶山场挖松泥土，芟除野草，略施肥料，并铲除年龄过老之老树，而另补新种。（二）关于制造宜改良方法。过去因茶农贪获重利，茶身多欠干燥，致不能保持其原有色味，宜责令各产茶区域之县长，及当地公团茶号及茶户等等，举出稽查员，必令曝干方准发售。（三）关于推销。假如以上两种改良工作，既能做到，更得政府协助，推销自不成问题。（四）关于救济方面。闻经委会将以二百万元救济祁门茶业，茶商闻讯甚喜。惟不可已于言者，安徽、江西、湖南、湖北、浙江同为国土，不宜独厚于祁门。（五）关于减轻茶叶之成本。唯一方法，须废除一切苛杂。如祁门红茶一担，须负担四元之捐税，希望政府能取消。……

《申报》1935 年 8 月 18 日

经委会在徽祁建茶业改良场

（芜湖通信）安徽徽属各县，为产茶著名区域。昔年运销外洋，为数至巨，尤以祁门红茶，最为名贵。乃以默守旧法，不知改良，海外市场，遂被日本、锡兰、爪哇所侵夺。然祁茶色质味三者，得天独厚，均较他国为优。倘能积极改善，仍有挽回海外市场之可能。是以政府对于红茶之改良，极为重视。最近财政部已公布免征祁茶税率，即所以减轻负担，特予提倡者也。

全国经济委员会秉承政府意旨，特筹划在祁门县南门外凤凰山，建筑茶业改良场。俾专事研究种植改良制造，特派农业处赵处长，偕同实业部中央农业试验场钱所长，亲往祁门察勘场址。兹已事毕，于十六日乘汽车过芜返京。据谈已确定在祁门凤凰山建筑茶业改良场，因地点适中，对计划全境改良之实施，极易统驭，已由改良场胡场长会同技师进行测量，约三四日内，即可竣事。月内即可开工建筑，并拟同时辟建五十华里之汽车道一条，以与南路坪里茶叶改良场，取得联络，统作为实业区。对于经费一层，将全由全国经济委员会拨发。（十七日）

《申报》1935 年 8 月 19 日

祁门茶商请皖豁免茶捐

国闻社记者昨据本埠洋装茶叶公会监察委员陈翊周云，祁门箱茶，皖省向纳捐税，每扣四元。过去几年中，茶商虽营业不振，但尚可维持。而近年以来，华茶外销益疲，茶商迭受打击，连年亏本。而皖省之捐税，未尝豁免或减轻，故全体茶商曾根据财政部所颁布之命令，称凡输出货物，蠲除一切苛捐杂税云云。故茶商公会前曾呈请安徽省政府，要求一律豁免茶捐。讵至今数月，并无只字批复。同时，祁门茶叶合作社，亦请求豁免茶捐，而安徽省政府允免五年，此点未免太不平等。故目下祁门茶商，坚决请求皖省免税，不达目的不止。继陈氏云，祁门茶叶合作社，假使与祁门茶商组织上稍有不同，则其代客买卖，是为同一目标，且合作社与茶……

《申报》1935 年 9 月 18 日

全经会采购新式制茶机

全国经济委员会，为谋改良我国茶业，特在安徽祁门，设立茶业改良场，积极从事改进茶叶种植制法，特派专家吴觉农，赴日本及欧洲考察，并向……南洋及日本等地，购得最新式制茶机器多部，备改良茶叶制法之用。此项机器价额颇巨，现已先后由……日本等地运沪，已转运祁门茶业改良场应用，并悉全经会派赴日本、欧洲考察茶业专员吴觉农君，现尚在英考察茶业市场等，约本年年底始可归国。

《申报》1935年9月18日

祁门红茶仍归商办

祁门红茶，为我国著名特产。前闻政府为谋发展国外贸易起见，有将祁茶收归国营合作机关，统一贸易消息。嗣经祁门茶业公会及上海茶业同业公会，痛陈利弊，要求取消前议。兹闻中央亦以此事有与民争利之嫌，为顾念多数商家营业计，仍旧准归商办云。

《申报》1935年11月19日

全国经委会改良皖茶计划

祁门茶场明春完成，购置新机分级试验。

（芜湖通讯）皖省西南部各县，素为产茶之区，皖西以绿茶著称。皖南祁门以红茶得名，每年输出总额约七八百万石，值价达数千万元，关系农村经济，至巨且大。往昔销售外洋，供不敷求，嗣以制法不良，近年已受日、印、爪哇等茶竞销影响，在外市场，悉被侵夺。

全国经济委员会，以改良皖茶，实为增进生产之重要工作，特与实业部、皖省府三方面商定，先就祁门原有之茶叶试验场改组。其目的在以技术研究，而谋祁门茶叶之改良。据皖建厅消息，该场现由全国经济委员会农业处驻祁专员办事处主持，处内组织，分总务技术二科。技术科下分茶叶改良场、合作推广、练习员、包装改良、祁门医院、分级试验、机械实验厂等部分，各场所计有房屋七八间，规模甚大。其新设之祁门医院及茶叶化验室，均在饶山坞饶祠。间壁为制茶化验室，其机器系最近自沪购运到祁，已有工人从事制茶，并以机器分级化验，以求制法进步。凤凰山之新场地址，目前正在动工建筑，明年三月间，可告完成。现并开办冬期合作制茶训练班，招收祁门附近茶农，施以简浅训练。另由贵池、石埭、至德等县，各保送学员一名至二名，前往祁门受训练。同时，推行合作，作长期茶贷，并办到电影一部，分赴各乡村放演，以期唤起农民，一致改良茶叶，增加产量。（十九日）

《申报》1935年12月21日

中国之制茶事业（三）

衣　白

············

四、中国制茶业技术落伍之情形

国际新兴产茶国之与中国竞争之情形已如前述。但中国茶因地理之关系，其品质实为世界之冠，为何反不及后来居上者之锡兰、日本、印度、爪哇等茶，而反为其侵蚀中国茶之固有市场？其原因：一为中国货币□价为世界列强所左右，在世界普遍□行通货膨胀之际，中国□兑上失却平衡，以致对外贸易，通体无起色。盖中国为银本位国，世界列强均为金本位国，中国所用之银，在各金本位国，视为一货物而已。故在金价增加时，亦即银价低落时；反之，在金价低落时，银价则反为上涨。世界列强为本身打算，要求输出贸易发达，实施货币贬值政策，于是银价随之增高，中国输出品在海外之市价，亦随之增高，其销路自然渐减。二为中国制茶之技术，尚未臻改良之境，大都仍沿用手工业之方式生产。故在数量上不能与新兴产茶国之生产类成正比例，在质量上亦只多保守原有状态。同时，商人之恶习未除，如茶中掺水以求重量增加，茶中染色以求欺骗消费者。

关于前一原因，非茶之本身问题，故在此处无庸多事解释。以后只希望中国政府当局以政治之力量，努力国际汇兑平衡。关于后一原因，实□目前茶业问题中之问题。盖如果此茶之本身问题得以解决，则华茶尚有向世界市场卷土重来之希望也。

为明了中国制茶工业目前之情形，特将有名之各地制茶情形，略述如后：

（安徽）安徽为中国产茶最富之区。据实业部工商□问局调查，二十年全省茶之产额为二十九万三千七百担。皖省祁门红茶制法，因借日光，故萎凋与发酵，不甚良好，但因热度过高，用沸水冲泡，时有日光臭味。同时，在近年来，皖省茶户以市况不振，每将茶芽养至六七寸长，连茎带叶，一同摘下，只求量而不计其质。又皖省绿茶制法，向用铁锅炒青，或置日光曝晒，故其色香味，均不良佳。皖省政府在最近始设之模范茶场于霍山，仿□日本绿茶制法，以机器制茶，然目前皖省大部分仍以手工制茶。

（浙江）浙江七十五□均产茶。据浙建设厅报告，浙江全省茶叶生产额年二十余万担。但浙省茶之制法，仍沿旧法。即将新采茶叶置□釜中炒过，及至水分干去十分之四，取出置于竹帘，以手揉圆，重炒或□焙笼烘之，即成。浙名茶龙井茶之制法亦然，惟略为精密而已。

（江西）江西产茶区域达五十余县。赣茶行销海外之历史甚长，据茶商报告，光绪三十一二年间，每年输出赣宁红茶约十九万箱，花香二十余万箱，全省合计约有五十余万箱，可见其盛况。后受外茶，如锡兰、印度等茶竞争之影响，遂逐渐低落，而至一蹶不振。（未完）

《申报》1935 年 12 月 29 日

徽州生产概况

程宇尘

徽州之主要生产品为茶叶。

徽州在皖省之南，所属五县隶在第十区行政督察专员，东邻浙江，西南毗连江西。其地处丛山峻岭之中，因之山多田少，地瘠民穷。由是徽属人民为环境所迫，大都往客地经商，故有"无徽不成镇"之谚语。兹将吾徽生产概况，略述于后。

徽州主要生产，厥为红绿茶叶。外则销售欧美各国，在国内平津、山东、汉口等处，徽茶销数亦颇畅旺。在昔茶叶鼎盛时代，销额计值千万元。除茶叶以外，尚有杉树、松板，产额亦百余万。此外，如绩溪之蚕茧，休宁之粮食，歙县窨茶珠兰、茉莉二花，均各有数十万之收入。而旅外徽人，每年汇洋赡家者，当有百十万。故吾徽生活，在民十八以前，尚称裕如，屯溪号为"小苏州"。可见当年生产之盛况。

徽州之主要生产品为茶叶，每年春分之后，清明之前，茶树发芽舒叶之时，各县四乡妇女，纷向就近各山，撷采无主野茶。最切摘者为雀舌，次为毛峰，更次为雨前。盖届雨水节前，故名。此项野生之茶，随摘随焙，随往街市售卖，每斤自四元至一元不等。迨到立夏，则有主园茶，正式开园采摘。此时各地茶山，撷茶妇女，妍媸毕至，少长咸集，或互相谈笑，或唱采茶歌，莺声燕语，热闹非常。诗人胡怀琛君，尝有采茶词云："朝也采山茶，暮也采山茶，出门晓露湿，归来夕阳斜。"出门约女伴，上山采茶去。山后又山前，违却来时路。""昨日新茶短，今日新茶长。不惜十指劳，但怕不满筐。""自从谷雨前，采到清明后。茶苦与茶甜，何人去消受？"

此词描写采茶妇女，可谓形容尽致，末首大有代鸣不平之意也。红日衔山，倦鸟归林，撷茶男妇，相率回家。晚膳后，茶主须将日间所采之茶，悉数下釜炒焙，贮藏密不走风之器具内，然后待茶号家下乡收买。从前上等（所谓上等，乃地段关系，如乙地次茶，冒充甲地佳茶，收茶人立时可以辨伪），毛茶（未经茶号制作，为毛茶），每担值一百三四十元。前昨二年，犹有六十余元，今岁跌至四十元左右。平原次茶，竟不上二十元。一切人工费用，并不随之减跌，故茶主莫不愁眉双锁，叫苦不迭。

本来徽茶，因地质关系，色香味之佳，无论日本、锡兰、印度之茶，皆望尘莫及，即国内别地之茶，亦罕与伦比。然而年来徽茶，一蹶不振。其故何在？据予管见，最大原因，约如下述：（一）徽茶在申售卖，价目涨跌，不能自主，完全洋商操纵，由是足制徽茶死命。（二）受日本、印度、锡兰茶之倾销影响。（三）洋茶出口无税，互惠条约，进口税轻。徽茶出产有捐，出口有捐，运往外国，外国又课重税。（四）徽茶装箱，极为草率，茶抵上海，往往箱破茶漏。（五）金贱银贵。（六）洋茶机制，工省而货精制。徽茶人制，价昂而货粗糙。

基上所言，目今挽救之策，应由各地茶业公会，选派人才，往日本、印度、锡兰制茶区域，实地考察，庶乎对于茶之装箱，及制茶工作等改良，可资借镜。次之，吁恳财政部，豁免捐税，俾轻成本。然后群策群力，自政府、银行以至各地茶商，联合组织一华茶托辣司。凡为国内所产之茶，尽归托辣司经理售卖。如是，则财与力均极雄厚，庶免海上少数洋商，居中垄断之弊。一面在欧美销茶各国，宣传华茶种种优点，引人注意，则奄奄一息之华茶，或有一线否极泰来之希望也。

茶如上述矣，请再言杉树、松板。吾徽丛山峻岭，绵延皆是，故木板产额綦多。每岁冬令，由木客雇匠，将杉树斧倒去皮，松树锯板，集数巨多，乃扎成木筏。俟春水发动，然后木筏随流东下，而达杭州江干，经木行代客买卖。向以杭、苏、松销路最旺。民二十起，突然滞销，考其缘由，由系受洋松排挤，加之茧价惨落，乡人购买力薄弱，因此杭之江头，货堆如山，而杉树价目，从二十七八贯，降至十二三贯，犹无人顾问。依此生活之人，皆有穷桔腹之虞。

居今而欲木植复兴，除非同胞醒悟，人人爱用国货，摒绝洋松，而惟国材是求。并盼海外茶价腾涨，庶吾乡人民之购买力可以稍稍增进也。

《申报月刊》1935年8月15日

在世界不景气影响中的祁门红茶

琴 心

红茶是我国出口货之大宗，年来受世界不景气影响，致国际市场几濒绝境，驰名海内之徽茶，乃一落千丈！不幸的徽州，在匪患、旱荒、水灾浊流中挣扎的人们，又受了经济暴力的压迫，衣食源泉已到了山穷水尽的境域！

在对外贸易的统计数字上，可以看到年来华茶外销的惨败。按上海实业商品检验局发表本年一月至五月之出口茶叶，计绿茶为三八〇四三七一公担，红茶一二三九四四七公担，茶砖五五八八九六九公担，其他茶一七六四五一公担，合计为一〇八〇五二三八公担，与去年度同时期之一三五八六二二四公担相较，计减二七八〇九八八六公担。这惊人的数字，可见茶业衰落的一般情形了。

徽茶有红茶、绿茶二种，红茶为祁门特产，品质之优，向居世界市场首要地位。在祁邑设庄制茶者，民十九有九十余家，二十一年突增至一百八十二家，去年减少二十余家，今年开业者仅一百三十七家。其出产总额往年每岁约有三万余担，制成干茶约有六万箱。去年产额锐减，亦有三万八千五百箱。今年截至春茶收园止，据各号估计，只有二万六千余箱，又在鄱湖沉没四千箱。产额数量较去年已减少十分之三有余。而销路方面，其海外市情，依然难见好转。总计现在运沪箱茶，仅有一万五千余箱，祁贡顶盘百六十五元，余自百元至百五十元，较上年减低四十元。中庄开八九十元，低货七十元至五十元，花香二十四元。英商因闻鄱湖沉没巨量祁茶消息，略有进胃，俄庄及其他行则殊鲜成交。去年祁邑红茶之亏损，当不在往岁之下！

我们根据上面产销的统计，其失败原因有二：（一）年来世界各国受经济衰落影响，莫不舍贵取廉，日本、印度、爪哇等处，不独力谋制法的改善，且以低廉市价出售，侵轧我国固有市场，红茶贸易乃一落千丈。（二）山户鉴于近年茶产过剩，市价低贱，售价不敷成本，对于茶树，多半听其荒芜，益以去年秋旱，入冬少雪，产额乃日渐减少。

实业部为谋挽救华茶起见，曾有实施贸易统制的计划，但据现在国际贸易形势观之，一时不易实现。因为经营华茶的，华商仅有华茶公司，合众企业公司，英发公司等三机关，全部茶市，还在外商洋行手内，所谓华茶统制贸易，不过画饼充饥罢了。

免除附杂所以救济茶农

倪文如

近几年来，中国农村经济破产，整个国民经济陷于恐慌动摇状态，日益加重，因之救济农村，在减轻农民负担，而减轻农民负担，尤以废除苛捐杂税，为先决条件，是任何人皆不能否认。

吾祁僻处山区，土瘠民贫，上述情形，自不能例外，矧以蕞尔之区，农民终岁所产，茶为大宗。迩年国际不景气，笼罩市场，茶商失败，茶户山价，日就低落，凋敝情形，不堪言状。上年皖赣两省统制运销，秉承□峰意旨，毅然决然，明令废除茶农茶捐及一切任何名义不准征收，公令煌煌，比户欢呼。不然，十余元一担之茶叶，仍须扣缴一元有余或二元不等之茶捐，痛苦情形，更非笔墨所能□述。孰知德音方唱，噩耗频闻。人言籍籍，贪鄙之徒凭陵机关，藉口经费支绌，假名愿捐，重翻花样，变相敲吸，以自便其私图。其意殆以农民为懦弱可欺，既无团体，又无组织，予取予求，不汝瑕疵，其计诚狡，其心实不堪问。文如忝为茶农一分子，秉良心的自省，民族的自觉，谨将公令与事实，参互探求，对于茶捐不能复活，而又不可复活之理由，撮其大要，一一陈之！

（一）茶农衰败，至今何极，何堪再任剥削。祁门茶叶历史，远在八十年前，苛捐杂派，百出其途。人民国后，言之尤为滋痛。教育有捐，保安队有捐，防务有捐，兵差有捐，善后有捐，电话有捐，甚至一地有一地之捐，名目纷繁，不胜记述。总括一句，公家有一令，行一事，靡不在茶农身上打算。一若茶农为最驯的羔羊，任人宰割，供人牺牲，宛转刀俎，引颈待戮，视之不甚受惜，嗟嗟！此种任意□剋行为，在茶叶方兴时期，究何异操刀使割。今则时移势殊，茶价低贱，茶户生活，不堪自给，竟有铲毁茶林，另辟蹊径者。此关于茶叶整个计划，欲为茶农留一线生机，茶捐不能复活者一也。

（二）违背征收原则，非现代国家人民所应受。地方财政，岁入支出，预算决算，本有常经，省与县息息相通，丝毫不能含混。即退一步，以事实言之，保甲要政，为地方基本工作，负有教养卫责任，绸缪涵义，何等重大。读省府通令，保甲经费，规定统收统支，限三月一日实行，是保甲经费既有固定，则关于保甲政令推行，如壮丁队及一切应办事宜，经费有规定，工作自不忧其竭厥。他如教育则义务教育、成人教育，中央与省府莫不有确定专款，预期设立。即吾祁现时之区立小学，省府会议通过二十五年度有二千元之补助，是则教育一端，若无茶捐，不致贻巧妇羞，此对于事实，违背征收原则，非惟公令所不许，抑非人民所应受，茶捐不能复活者又一也。

（三）假造民意，托名愿捐，迹近诈欺背信。茶农痛苦，已如上述。不明事理，不合现代之徒，为一己之私利是视，无孔不入，知愿捐之名，可以盗取也，遂不惜多方设计，蝇营狗苟，呼朋引类，为之捧场，为之响应，众口既□，私欲即遂。然亦知民意可假，民弱可欺，民隐究不忍漠视。语云："千夫可指，无病而死。"其义可深长思也。此伪造民意，借地方愿捐之美名，以遂其营私图利之实，应受刑律上制裁，不可者一也。

（四）取之锱铢，用如泥沙。茶捐由茶农一滴血，一滴汗累积流来，零星散片，层层剥削，节节苛求。试举例以明之，如园户卖茶叶十斤于茶号，得价一元，若如从前每斤抽洋二分，计价只得八角，加以零数找尾，照市价又有抵扣，实在折算，不过七角有零。噫！以农民终岁所产，唯一之希望，而收获若是，窃恐古今中外，无此现象，此种情形，迄今思之，尤为心悸。再说到用处一层，概况言之，取得多，用得广，茶农之脂膏有限，若辈之负欲无厌，纵令地方有一二公正人士，出而爬梳抉别，充类至尽，费九牛二虎之力，亦不过如左氏所云"昭王之不复，君其问诸水滨"。此准诸过去，预测将来，不合法之苛捐，如再任其榨取，自由出入，可谓无丝毫之益，有邱山之损，上违公令，下害民生，不可者又一也。

综兹以上所陈，极言其不可，痛言其不能，为地方争人格，为民族求生存，大义所在，当仁不让，如鲠在喉，吐之始快。耳食者不察，以地方无茶捐，则费无所出，费无所出，则地方不安，然抑知今日之保甲经费，即前日之代替品也。今日保甲，有卫之一字，即地方人民之武力也，窃源竟委，诸君试凝目以思，当如大梦之初觉矣。

《新安月刊》1935年第3卷第9期

安徽祁门、婺源、休宁、歙县、黟县、绩溪六县茶叶调查

李焕文

一、引言

皖南为吾国重要产茶区域，因该地土壤多属砂质，空气温润，云雾笼罩，最适于茶树栽培，且该地山多田少，不宜播种米麦，故居民恒借植茶以为生。当茶叶出口极盛之时，输出极畅，岁入甚巨。但近以印、日、锡、爪诸国产茶日盛，华茶大受排挤。且吾国茶农墨守旧法，不知改良，更以其他种种障碍，致输出锐减。于是以茶为生之农民，尤其关系最切之皖南茶农经济，遂亦日趋穷困，濒于破产。

年来政府及国人，对于茶叶问题，颇为注意。作者去年因事往皖南祁门一行，于治事之暇，举凡产茶中重要之区，如祁门、休宁、歙县、黟县、绩溪等处，无不

——调查。……所得资料，颇欠完尽，故本文除根据调查所得外，尚需引用安徽省立茶业改良场之统计，以资参考，而补不足也。

二、出产区域

皖南产茶之区，计有六县，即祁门、婺源、歙县、休宁、黟县及绩溪。其中，婺源县最近……已划入赣省版图。按六县旧属徽州府，故皖南所产之茶，通称徽茶。

祁门以红茶为主，婺、歙、休、黟、绩各县，皆绿茶著名，产区之面积，产量之多寡，以婺源最大，祁门次之。而六县之茶，均先集中于屯溪，然后输出。盖该镇交通便利，为徽属商业之枢纽，茶市之中心。兹将其各县之主要产地，列表于后：

祁门县：金字牌、许村坞、黄土坑、大园、仙洞源、塔坊、平里、贵溪、溶口、竹科里、历口、伦坑、桃园、渚口、闪里、高塘、石谷里、双河口、彭龙、陈田坑、箬坑、宋溪、长培、田里。

婺源县：江湾、大畈、小秋口、上溪头、下溪头、庆源、济溪、鹤溪、上坦、下坦、晓起、龙尾、港头、沙城、砚山、曹村、沱口、思口、花桥、小源、裔村、延村、金竺、段莘、长径、里外窑、沽圻坊、高湖山、大鄣山、玉坦、中平。

休宁县：塝下瑶、龙湾、凹上、千万金台、五城、大阜、小阜、子安、金村、石田、板桥、石岭、三峰、牌楼下、流口、冈村、岩脚。

歙县：大谷连、玉满田、五都园、风车坦、老竹岑、老竹铺、米滩、璜蔚、胡埠口、上璜田、长标、石门坑、南源、源头、薛坑口、大州园、汤口、芳村、牛膝坑、冈村、茶坦、黄土岭、石耳山、孤岭。

绩溪县：逍遥、大鄣山、梅涧、临溪、上庄、上金山、旧家湾、蒙坑、纹川、茶坞、黄柏山、青萝山。

黟县：石山、湘口、何村、三都、际村街、叶村。

三、产地面积及其产额

皖南茶园规模，均极狭小，且零落于山边田畔，全无秩序，故欲查其确实之产量及面积，殊属无从依据。兹将安徽省立茶业改良场之统计，摘录如下：

县别	面积/亩	精茶产额/担
祁门	40.000	22.205
婺源	68.000	34.000
休宁	58.559	29.300
歙县	35.872	18.000
黟县	17.094	6.000
绩溪	15.174	5.500
合计	234.699	115.005

上表数字系依据民国二十二年产量估计而得，但若与往年实际产量相较，或嫌太少。盖当华茶振兴时期，皖南茶产，奚止此数。即祁门一县而论，每年产额，曾达五六万担。但近年以茶市不振……产量日形减少。是以上表统计，只可代表最近之概况。至于价格方面，亦现疲滞之象。在民二十一年，祁门毛茶每担价格可扯八十元，次年即减至五十元，二十三年更趋下落。此亦足以影响茶产也。

四、徽茶之种类与品质

皖南茶叶，大别有二：即红茶与绿茶是也。前者为祁门之特产，其质之佳，冠于全球，在海外市场，占有极超越地位。至于红茶，种别颇多，品质各异。该县西乡历口所产之雨前，及闪里所产之白毫，神异优美，久为外人所嗜好，销售尤为挺畅。而他县所产者，均利于制造绿茶。其中，以婺源出品最佳，歙县次之，休宁、绩溪、黟县更次之。祁门与婺源之茶，因其品质冠超群众，素有"祁红婺绿"之盛名。沪上红绿茶价，均以此二者为标准也。绿茶种别，较红茶尤繁，有洋庄与本庄之分。兹摘其主要名称，列举如下：抽眉、珍眉、针眉、蕊眉、贡熙、珠茶、熙春、毛峰、大方、烘青。

五、栽培方法

皖南各县，茶树栽培方法，大致相同。除少数茶户对于茶园管理较为周密外，大多数因茶园范围狭小，漫不经心，徒知年年尽量采摘，以戕害其生命，而对于科学管理，及其施肥方法，则漠不讲究。且频年以来，茶价猛跌，茶园收益绌短，而茶户每以限于经济，听其自然。甚而变本加厉，于茶园中栽种其他农产，以冀收入增加，借以弥缝亏歉，以致土壤日瘠，茶质日劣，而产量日少。此影响于茶业前途，未可限量也。兹将其栽培之普遍概况，分述如次：

一、种植。皖南各县，以种子直播者较少，大概以茶苗移植者为多。种植时期，在每年春初，用种子者，先掘地深二三寸，直径一尺之穴，每穴置籽十粒左右，上覆泥土。若用茶苗移植者，则每穴插苗十余枝，其行间株间三尺左右。倘有枯死，第二年再行补植。

二、耕耘。每年耕耘，普通只二次。第一次在三月间，茶将萌芽时行之。第二次在八九月间，茶树结子时行之。每次中耕深度，约在五寸左右。普通皆系农户家人为之，鲜有出资雇用者。

三、除草。除草次数无定，全视雨水多寡，杂草生长之情形而定。普通每年约三次，每次每亩须人工一工以上。

四、施肥。肥料多系人粪、豆饼、菜饼及柴灰之属。其施肥之次数，有二次者，有一次者。但近年茶农经济困难，不施肥者，颇不乏人，即施肥者，分量亦极少。

五、采摘。初植之茶，须越三年后，始能采摘。而开采之第一年，仅摘春茶一次，且产量不能过多。迨至第七年，茶树长成，枝芽茂盛，方可尽量采摘。普通茶树，每年可摘三次。第一次所摘者为头茶，品质最佳；第二次所摘者为二茶；第三次为三茶，品质按次逊色。头茶采摘时期，常在清明与立夏之间，二茶约在头茶采后一月左右，三茶则再迟二三十日之久。采摘工人，以妇女居多，除一部分茶农自己充任外，大半雇自他县，如江西之乐平、铅山、鄱阳，浙之遂安、淳安，以及该省之安庆六邑诸县。工资以论日者居多，大约每工五角，另供膳宿，日可摘毛茶二十市斤之谱。论季者亦有之，每季工资八九元，外给伙食。

六、栽培费用及其利益

各县栽培费用及其利益，颇有轩轾。盖其土质各异，产量品质故有悬殊也。下表系根据安徽省立茶业改良场之调查结果。祁、歙、休、婺、黟、绩茶园每亩栽培费收支比较：

县别	收获价值/元	每亩费用/元	利益/元
祁门	40.00	38.77	1.23
歙县	32.00	24.50	7.50
休宁	35.50	30.20	5.30

县别	收获价值/元	每亩费用/元	利益/元
婺源	42.00	31.30	10.70
黟县	21.40	17.20	4.20
绩溪	25.50	21.00	4.50

七、制造方法

茶之制造步骤，可分为二：即初制手续及精制手续是也。初制手续，均系茶农为之；而精制手续，则由茶号为之也。

（甲）初制手续

1.萎凋。鲜摘之叶，必先置于竹帘上，在日光下晒之，或投入茶锅内微炒之，使其萎凋，柔软如棉，以便揉捻。

2.揉捻。生茶一经萎凋之后，即行揉捻，使茶汁外溢，成紧细之条，然后散置于空气流通之处，使其水汽蒸发，而易干燥。是项手续，以手为之，亦有用足揉之者。

3.发酵。将揉捻适度之茶，盛于木桶内，加力压紧，上覆以湿布，置于日光之下，借天然之能力，令其色泽变化，但此项手续，仅制红茶时用之，绿茶则毋须如此发酵也。

4.烘焙。既经过上项手续后，又须烘焙，使其干燥。大半茶农，烘至六七成，即行出售。但每遇毛茶价落时，干度不过四五成而已（凡经以上手续之茶叶，普通称为毛茶）。

（乙）精制手续

1.打毛火。毛茶每多干湿不匀，故茶号购入后，即须复焙，俗称打毛火，使所购之茶，干度适合均匀。

2.筛分。毛茶经复焙后，即行筛分，使其大小粗细之茶叶，分别归类，以整齐其形状，但是项手续，极为繁复，且至为重要。

3.拣别。经筛分后，又须拣别，以分配茶叶之种类与优劣。

4.补火。毛茶经筛分、拣别、转展之间，潮湿侵入，故须再烘一次，以免起霉。

5.装箱。补火之后，即可装箱出运。皖南茶箱，概系木制，外糊花纸，内衬铅皮、纸张，以御潮湿。形色大小，时时改变。普通均系方形，每箱可装五十斤。但销本装，若有以篾篓盛之，内销箬叶，分大篓、小篓二种，大篓百二十余斤，小篓六十余斤。

茶号中之制茶工人，多系包工制，均由工头代雇，工人分上手、中手、下手三等，但工资则不分上下，每季均以二十四元而论。连伙食，每季工作时期约四五十日，其中工头颇有利润。如下手每季不过十元，中饱尤多，资方不能过问。故此种制度对于工人，绝无裨益，似有改革之必要。

八、各县制茶成本比较

制茶之成本，恒以生产之多寡而定，制茶愈多，则成本愈小。下表以每家茶号制茶二百五十担为标准。

祁、歙、休、婺四县茶号每担箱茶制造费比较表

（单位：元）

县别	祁门	歙县	休宁	婺源
薪水	3.40	2.50	2.70	3.00
工资	5.80	3.90	3.60	4.30
伙食	3.36	2.00	1.80	2.00
房租器具	2.60	0.80	0.70	0.90
柴炭	1.40	1.00	1.30	1.30
装潢	8.00	6.10	5.90	6.30
运费	4.40	2.80	3.60	7.70
税捐	2.00	1.20	1.50	1.90
茶栈及洋行之费用	20.00	7.00	7.70	7.90
利息	7.20	7.20	7.20	7.20
杂支	1.00	0.50	0.80	0.70
合计	59.16	35.00	36.80	43.20

上表之中，以茶栈、洋行之费用为最大，但此项负担，可以减免。倘茶商对于推销方面，从事改革，运费方面，则各茶号若能互相团结，组织联合运输，亦可减低。其他各项费用，苟各茶号组织健全，亦未尝不可减低也。

九、价格比较

徽茶市价，近数年来，变动剧烈，尤以红茶为甚。故经营茶叶者，获厚利有之，倒败者有之，因其营业之富有危险性，遂致茶业成为一种投机事业。而茶商对于茶号之组织管理，以及制茶之方法，无意改良，且同业互相倾轧，无形中各受损失。此实华茶衰落之一大原因也。

近五年来上海祁门红茶市价表

年份	每担最高价/元	每担最低价/元
民国十八年	155.24	79.02
民国十九年	248.25	79.02
民国二十年	447.55	209.79
民国二十一年	349.65	101.40
民国二十二年	209.79	112.50

近五年来上海婺源绿茶市价表

年份	每担最高价/元	每担最低价/元
民国十八年	179.23	130.07
民国十九年	241.26	113.99
民国二十年	283.22	117.48
民国二十一年	192.31	129.37
民国二十二年	142.50	101.50

十、收茶情形

每当采茶时期，各地茶商云集，设庄收买毛茶，从事制造整理，而行运销。其收买方法有三：（一）由茶号直接向茶农收买；（二）由茶贩向茶农收买运至茶行，由茶行介绍转售于茶号；（三）由茶号在乡间茶区设庄收买。

茶农将茶采摘后，经初制之手续，即携至邻近茶号出卖，各茶号因开支浩大关系，不能不有大批之购入，因之抢买之风甚盛。故每家茶号，常在乡间茶区之中，设立分收机关数所。茶号虽如此竞买，而对于茶农，并无裨益。盖茶号所用之秤，均非市秤，最小为二十二两，多则二十四两，甚至有二十八两为一斤者，以致茶农在数量上，尽被剥削。且茶价亦无标准，任意开定，每当开号之一二日，必放高价，以广招徕，随即紧抑，以事垄断，并有种种陋规。如强扣样茶、九六给价等，欺骗茶农，致茶农应得利益，摧毁殆尽。茶农终年所获，除供给培植，采摘用费外，所余无几。对于本身全年生活，尚需借贷弥缝，年复一年，利上加利，故茶叶生产者，反不及居间贩销者获利之多。此于茶叶生产，影响实非浅显。

十一、茶号及茶栈

（甲）茶号。茶号者，收茶制茶之机关也。其资本大半系临时集股而成，且均借自上海及九江之茶栈。每家资本多则五万元，少则二万元。每年营业数量，多者数千箱，少者仅一二百箱。但近数年来，以海外市场畅滞不一，茶号盈亏，彼此互见，此起彼伏，岁常所有。是以皖南各县茶号家数，增减不定，总计共有六百余家。其中，以婺源最多，祁门次之，歙、休二县更次之。兹将祁、歙、休、婺四县，在最近五年中之红绿茶号家数增减比较如下：

县别 ＼ 年份	民国十九年	民国二十年	民国二十一年	民国二十二年	民国二十三年
祁门	90	114	182	130	106
歙县	114	112	95	81	87
休宁	109	69	97	67	49
婺源	332	275	292	232	未详

从上表可知皖南茶号，自民二十二年以来，已呈衰减之势。茶号、茶栈之外，又有茶行与茶贩。前者为当地茶叶买卖之居间者，专收取行佣三分；后者为小本茶商，在各乡村收集茶叶数担，转售于号家，以图微利。惟此种茶贩，对于品质，殊不可靠，盖一般每以己利为先，掺杂掺假之事，在所不免也。

十二、运输情形

皖南之茶，现虽有杭徽公路，可以直接运输，但以运费太昂，茶商仍多利用水道输运，或经九江而至上海，或循徽港而达杭州，再由沪杭路运沪。但徽港上游水浅滩多，运输濡滞，费用殊高。至于祁门红茶，在民九以前，大都运汉销售，迨后以汉市茶叶贸易衰落，遂转移于上海矣。兹将各县每担箱茶运费比较如下：

1.由祁门至上海。祁门至饶州1.00元，饶州至九江1.00元，九江至上海2.20元，合计4.40元。

2.由歙县至上海。歙县至杭州1.60元，杭州至上海1.20元，合计2.80元。

3.由休宁至上海。休宁至屯溪1.00元，屯溪至杭州1.40元，杭州至上海1.20元，合计3.60元。

4.由婺源至上海。婺源至屯溪（挑力）4.40元，休宁至屯溪0.70元，屯溪至杭州1.40元，杭州至上海1.20元，合计7.70元。

5.由黟县至上海。黟县至屯溪0.30元，屯溪至杭州1.40元，杭州至上海1.20元，合计2.90元。

6.由绩溪至上海。绩溪至屯溪0.50元，屯溪至杭州1.40元，杭州至上海1.20元，合计3.10元。

婺源绿茶运费特高，一因地位关系，水陆交通不便；二因……

十三、税捐

皖南茶税素重，民国纪元以前，归两江总督征收。纪元之年，改归皖省派员按引征收。旋后引制虽经取消，然当地慈善团体，行政机关，以及学校等之经费，仍莫不仰给于茶捐，故茶捐名目之繁，不胜枚举。兹将皖南各县茶捐中最普遍者，列述于下：

防务捐、保安队捐、清乡善后捐、保商捐、教育捐、公会捐、公安捐、保婴捐、公济捐、慈善捐、商会捐、营业税、飞机捐。

按上列茶捐，至为复杂，且征收机关，既不统一，各县捐率，亦迥然不同，以致每担税捐之确切数额，无从统计。统而言之，每担茶捐约共合洋二元。

…………

十五、合作社情形

皖南茶叶运销合作倡导，始于民二十一年。当时由安徽省立茶业改良场职员组织平里合作社，其目的为自行生产，自行制造，自行运销，使茶之企业，成为有系统之经营，借以避免中间商人之种种剥削，增加茶农之利益，而集中力量，改善植制。其后均里、龙潭、小魁源三合作社，相继设立。各社之资本，均在数千元左右，大都借自上海商业储蓄银行及四省农民银行，规模虽小，组织均尚健全。

合作社之经营，较之茶号为合理，而出品推销，未经茶栈之手，是以成本改小。在茶市不振，各茶商亏折之际，合作社竟能独有盈利。于此可见，合作社对于茶农，颇有裨益，殊有提倡组织之必要也。

十六、结论

查徽茶失败之原因甚多，要而言之，不外下列四端：一因茶号之管理不合理，经营之不得法，且各项佣金、税捐、运费太高，以致成本特大，难于竞争；二因茶号、茶栈剥削太重，致茶农所得有限，不能改良栽培，品质日趋下落；三因茶商散漫而无组织，非惟不能团结，谋复国际市场，抑且自相倾轧，从事摧残；四因时局不靖……备有阻碍。故徽茶之复兴，似应从此四方面着手改革也。

《工商半月刊》1935年纪念号

安徽徽属六县茶产之概况

徽州旧为皖省一府，辖六县，位于皖南，与赣浙接壤，境内多山，平原甚少，故农产物以茶为中心。交通有新安江及昌江乐平江之上游，而以屯溪、婺源两地为绾毂，茶叶集中其间。大概祁门、婺源、休宁、歙县四邑所产较多，不但为全徽之冠，且执全皖之牛耳，品质既优，而红绿茶又具备；黟、绩两县，年产亦可百十万担，总计徽州每年产额居吾国输出茶额之大宗，就中惟祁产红茶，集中江西省内地者为独著；其余各地均产绿茶，婺源较丰，约占徽属绿茶之半数，故徽州茶亦名婺源茶。又因集中屯溪，亦有名为屯溪茶者。休歙产额次之，黟、绩均蕞尔地，所产自少。徽茶除洋庄出口外，销行苏鲁赣粤等省亦颇不少！徽州人民生计，什九藉茶叶之所得而为挹注，故徽茶之盛衰，与民生关系至为密切。兹将各县情形分述于后，俾作精深研究之一助焉！

一、祁门

北以山岭界建德，南部与婺源为邻，西则由昌江通浮梁，山脉蜿蜒，地势高峻，为天然产茶之地，在徽州中推为最优最多，居民皆以茶叶为唯一衣食之资，此外绝少其他产业，故经济生活，完全为茶叶所支配。惟茶树栽培法与婺源全异，任受太阳蒸晒，毫无遮蔽。省立模范种茶场，曾将祁门各乡茶种分类试验，再次更征集其他各县，及赣、闽、湘、鄂、浙等省茶种试验，结果则以祁门西乡茶种为最特色，南乡城乡次之。各省中如鄂之阳新、鹤峰，闽之光泽，浦城，茶种虽优，但生长力终不及祁门种，且下种略深，即不能发芽，此盖一方因土壤关系，他方因种子付邮局寄送时，包装不合法，核仁干枯，亦未可知。兹将其试验两份列表如次：

（A）祁门各乡种别试验表

区域 时间 区域 区域	平地区		低山区		高山区	
	芒种前五日检查茶种发芽状态	霜降后五日检查茶苗之生长力	芒种前五日检查茶种发育状态	霜降后五日检查茶苗之生长力	芒种前五日检查茶种发芽状态	霜降后5日检查茶苗之生长力
城乡区	叶出土	0.1寸	叶开展	5.7寸	叶出土	4.7寸
南乡区	叶开展	5.8寸	同上	5.9寸	同上	5.2寸
西乡区	同上	6.0寸	同上	6.0寸	叶开展	5.8寸

（B）祁门茶与各地茶种形状表

祁门西乡茶种	圆形有一面平形者粒大壳厚
祁门南乡茶种	圆形及三角形粒较小壳较薄
祁门东乡茶种	多圆形间有三角形粒小壳薄
祁门城乡茶种	多圆形间有三角形粒小壳薄
黟县周家园种	圆形与弧三角形参半
广德茶种	三面圆一面平壳薄
江西浮梁磻溪种	不甚圆发芽
江西德兴茶种	什角形无一圆者
江西铅山茶种	粒较小
福建崇安茶种	粒大不甚圆
福建浦城茶种	粒小而圆光
福建光泽茶种	粒大三角形多
福建闽侯茶种	有大有小三
湖南长沙茶种	粒小不甚圆壳薄
湖南平江茶种	粒有大有小不甚圆
湖南安化茶种	粒大不甚圆有三角形
湖北鹤峰茶种	有圆形有三角形粒大
湖北通山茶种	粒大而重多什角形

湖北阳新茶种	大小粒各半什角形壳薄
浙江余姚茶种	什角形无一圆者壳薄
浙江遂安茶种	形杂发芽早
浙江平阳茶种	什角形大小不等

二、婺源

北部多山岭，在徽境之西南，幅员颇广，城居全县中心，临乐平江；婺源茶均先集中于此，后再运往他埠，产地分东乡、西门、北门三区，以东乡产额为多，北门次之，西门又次之，其大园所产，在洋庄中最著名，麻珠则以张公山产者为最，全县之茶，尽数制造洋庄出口，无行销各省内地者。

三、休宁

产额以南北二乡为最多。南乡茶出口，久为外人欢迎。北乡如白云松萝金龙等山，气派浑厚，所产有雀舌，莲芯，金芽数种，本质原胜于南乡；徒以山户狃于积习，且图省费，制法因陋简就，不甚研求，以致销路不广。近经茶商与山户议定，一切仿照南乡，并参用新法采制，将来当不难增高价值也。休茶因集中屯溪，故世称为屯溪茶。

四、歙县

黄山蟠于境内，产地颇多，出数最丰者，以大洲园为首屈一指。江满田、大谷运、五都园次之。大洲园之烘青炒青，为全歙之柱石，各帮茶客至该地设庄采办，其市价高低常为绩歙两县之标准。他若老竹岭所出之老竹大方茶，在华北亦占位置。黄山毛峰、天都云雾等茶，并负盛名，松萝山所产之茶尤佳。世称松萝为黄山产者盖误，茶疏有谓"歙之松萝，吴之虎丘，香气浓郁，并可雁行"云云，可证松萝非黄山茶，特黄山亦属歙境，或因此致误耳。又麻珠一种，即毛茶用筛分出，形同芝麻，故名为洋庄之头号，每毛茶百斤，可造麻珠三斤。紫霞一种，出自紫霞山，色香清胜于兰，为不可多得之珍品。

五、黟县

产茶极少，味亦稍劣，全境产量不过三千余担。茶园之面积，亦仅一七〇九四亩，盖黟境既狭而又多石山故也。

六、绩溪

唯一产地为西乡之八都，如黄蘗山、上金山、茶坞、暮云山等，产额均不少，品质亦极佳。金山之时雨茶，在华北颇为著名。他若七都之青萝山、十三都之鄣山，所产亦称上乘，唯产量不多耳。昔时销路大都运往屯溪，近年亦有山东帮前往采办云。

综上以观，徽茶在茶叶上占有相当之位置，而徽茶之改良，又乌可缓？徽茶历史，至为深远，群亦知夫改良之不可缓，而思有以补救徽茶之缺憾。徽茶之改良，始于民五，其时适安徽特派实业观察员俞去尘氏自新大陆归，乃创省立茶务讲习所。民六开学，所址设于屯溪之高枧村，采购制茶机器，若炒茶机器，滚茶机器，扇茶机器，利用机器制茶，并又租赁高枧茶园可百十亩，以便试习种习方法，且由俞去尘氏编纂各种讲义。更延茶商吴庭槐氏担任技术指导，招收学生百余名，都由乡间而来。翌年俞氏接美国某茶商函，乃倡改用罐装法，每罐一磅，并以破除茶号用靛加色之弊，分发美国各界，一时推为盛举。第一届毕业生由省择优，津贴赴日调查日本茶业状况。但至民九，俞氏以事去职，茶务讲习所，改为省立工厂，茶叶改良，遂难有所希望！民十六七年间，徽茶茶商有吴永伯其人者，亦感改良之未可忽，但改良从何着手，未易与言；加之茶户制茶，大嫌粗简，或以限于人工，采摘失时，或以限于技术，茶色失宜，若云利赖机器，则又事实上所难办到。吾国茶业，在今日已属衰微时期，印度、锡兰、日本之茶，骎骎乎有驾我而上之势，所以攘我国茶业之对外输出利益者，至巨且大，倘不急策改进，其何以免于淘汰之危险乎？

《中国建设》1935年第11卷第4期

安徽红绿茶收获特丰

（芜湖通信）皖省除产大宗之米粮外，茶叶亦属著名出品，如六安茶暨徽茶，皆驰誉于国内外，即以皖南徽属以一隅计，每年营业之收入，竟达二千万元上下，出产最丰之区域，计为屯溪、歙县、祁门、太平、石埭、泾县、宁国等地。每届春季三月前后，茶树即遍发青芽，茶户则概于清明节前，从事采摘嫩蕊，拣选焙制，造成最优等之红绿茶，向国内外输销。惟近年以来，国外市场，受日本、锡兰、印度茶叶之侵销，贸易额渐形衰落，远不如前。现当局与茶商皆感觉前途危险，对于出产焙制等方法，正在积极改良，俾对外销数，得恢复前状。顷据茶业中人云，本年皖南茶业，下月中即可上市，虽值匪患之后，而茶产依然丰富，现芜屯、徽杭、屯祁各公路皆已筑成，汽车行驶频繁，交通极为利便，故徽茶对外之运输，当较往年更加迅速。又皖省财政厅，以本年茶市转瞬即届，特签呈省政府拟订本年茶叶营业税各局比额表及征收办法三项，已经省府提出常会审议，决定征收照二三两项比额表办理。

《兴华周报》1935年第45期

祁门茶户粗制红茶之调查

潘文富

"祁红"驰誉中外久矣。此不仅祁邑之光，抑亦皖之特产。惟以徒恃天赋之厚，故步自封，不思改进，致近十数年来之国际市场几为印度、锡兰，及日本所夺去。吁！良可慨也。惟吾人查考"祁红"之衰败，自不能尽归咎于祁人，然而祁人为自身计，亦应加以努力者也。

兹当桐花初放，柳絮将绵，正祁人唱歌采茶时也。作者曩曾因公过祁，适当此际，目睹祁人采茶制茶之法，更从而详加访问，笔而记之，藏之于篋，已数年矣。兹因接安徽农学会刊编辑部征文，因忆及往事，启篋得笔记而损益之，聊以塞责。惟尤有附陈者，当日笔记，系从茶户采茶，记到茶号制售。兹篇所及，乃从茶户采茶说到售给茶号，因茶号制售，属于商业性质，此则茶户所有事也。

祁门旧属安徽徽州府，今属安徽第十行政区，山多田少，主产为茶，而西南两乡人民，依赖茶叶以生活者，约占百分之九十，其所产之茶叶，虽有制青茶、绿茶、红茶之分，但以制红茶为主。兹以见闻所及，先述其采茶，次述其制茶。

三四月之交，清明之后，谷雨之前，家家户户，均各准备采茶。其茶叶较多，而家中人数不足以应付者，则皆添雇临时工。此项临时工，不分男女，除少数系本地人外，大多数皆系远道而来，其中以怀宁、宿松、太湖、潜山四县乡民为最众，每年春季客民入境应雇者，约达一万数千人。

茶户招齐人工之后，约在谷雨前后即开园。查先年开园，总在谷雨后，近年因各茶号竞收嫩头，乃有提至清明前者，是以茶名有雨前明前之称。但真正明前者，实居最少数，其真正雨前者，亦珍品也。

茶户采茶之际，均系鸡鸣即起，烧锅煮饭，东方未白，即行上山。采茶之法，系用右手拇指及食指，摘其新苗叶子，此项新叶，系连新枝采下，故与其说采新叶，则不如说采新枝。惟采此新枝之时，正枝绝不可采，假如被采，则茶树不能高长矣。茶树系数株连植一丛，普通每丛五六株，故叫茶树不叫一株，而叫一丛，每丛正枝，自应留五六枝为是。

采茶工人，每人每日约可采十斤左右，工价以斤计，大概吃东家火伙食，每元二十斤，至二十五斤，善采者，两日可得工资一元。

采茶用具：有竹篮、麻袋、独角凳、伞筒等等。竹篮、麻袋，皆用以盛叶者，采时先入篮，满及装袋，独角凳，形如丁字，上为一平板，约四寸宽，八寸长，板下做一独角，尖端锐，约高一尺八寸。采茶时，即可以此脚插于土中，坐而采之。伞筒系毛竹稍制成，长约五尺，上端打通一节，下端尖锐，此为备下雨时采茶之用，用时下端插在土中，上端即插伞柄，张开避雨，不妨两手工作。

茶户自家人手不敷者，除雇用采茶工人外，仍须雇佣制茶工人，普通用十人以内之采茶工人，即须雇一制茶工人。茶户对制茶工人，较为优待，每日均款以酒肉。工价以季论（一红茶季约一个月），一季约二十元。

制茶工人，专司收晒制作，间亦有兼司售茶者。开园之日，上午十时，制茶工人，即须上山收草（祁人称新鲜采下之茶叶而未经制作者曰茶草。其经制作者则曰茶叶）。茶草收到家后，即匀铺簟内（簟系篾制，普通长二丈余宽约一丈余，使曝日光之下，称之曰晒草。注意：红茶与其他茶叶之不同，即在此。因晒草即成红茶，炒草则不成其为红茶）。晒草，日本称之曰萎凋，即将茶草晒成凋萎之意。晒草时间，应视日光强弱而定，微弱的日光，要晒二三小时，若在烈日之下，则十余分钟便足。总之，枝叶以到达软化时为度，过此则叶而焦黑，不及则一揉即碎，过与不及，皆非所宜。在有经验的制茶工人，能知晒至最适之时间也。

茶草晒至最适之度，即收来倒在木桶中（木桶圆形，直径约二尺五寸，高亦约二尺五寸），此时制茶工人，即脱去草鞋，站立于木桶内，以两手扶在桶边，两脚（洗净后）即将茶叶揉转（桶中茶草的以五斤至八斤为度，多则揉转不灵，然亦要视草之老嫩而定，嫩草可稍多，老草多则难揉矣）。揉转时，要将茶草依圆周转动，揉转圆周次数，亦视草之老嫩而定，嫩草普通转三十次便足，老草则须倍之，然总以茶草每叶卷成线状为度。制茶工人程度之高低，即视其是否制成线状，有许多不会揉草者，每每将叶子揉成扁平状时，则售价远逊于线状，因线状在茶号中精制，易于下筛，而扁平状则否也。

茶草揉成后，此时已不叫茶草而叫茶叶矣。揉成之茶叶于木桶中取出时，普通以竹器盛之，盛时不可散开，应即堆成馒首式，以手按之使紧，并即以布袋或棉衣覆于其上，使之发酵，最好移置日光中，则发酵尤易。红茶除晒草外，发酵亦其要看。发酵时间，要视温度高低而定，普通华氏表七十度时，约历三十分钟，八十度时，十余分钟则已足，乡民无寒暑表及时计，大都凭其经验而断。

茶叶未经发酵前，其枝叶均为绿色，一经发酵之后，枝叶皆尽变为红色矣。在枝叶变为红色时，乃复将其匀铺簟内晒之，俟茶叶晒干，即茶户粗制红茶之工作告毕。自上午十时收草，天晴时，至下午三时即可制成晒干，其间不过五小时，则已由茶草变成干茶，此时便可装至茶号出售，瞬时银钱到手矣。

制茶工人于开园之日上午十时收草之后，其采茶工人于十时以后所采之草则于傍晚收工自带来家，迨至次早，则制茶工人乃将前晚之草去晒制。平时制茶工人即于午间上山收草，下午晒制，其上午晒制者，皆前晚之草，故平日分上下午两次晒制。普通上午晒制，下午出售，下午晒制者，次早出售。

以上所述晒制出售之顺利，皆系指天气晴明而言，若遇天雨，则晒草发生重大问题，因制红茶之特点，第一为晒草，所有烘草炒草之法，皆为红茶最忌之事，故普通不用烘炒，而另用一种卷草之法，以为救济。所谓卷草者，即以茶草匀铺簟内，将茶草卷入簟中，茶草被卷起，则茶草备受压迫，一若吾人之制腊叶标本然，俟经过相当时间（一日至两日不等），则茶草亦现凋萎状态，此际亦可以揉制矣。揉制发酵之后，如仍遇天雨，此际即可以烘干出售。惟此卷草制成之茶，则远不若晒草之优美。因茶草被卷，其尖峰大都失去，加以萎凋程度，远不若日晒之均匀，则揉制时大都断碎，且以未经日光之作用，其发酵亦有逊色，以是阴雨卷草制茶，其色香味三者，皆不若天气晴明所制者之优美也。

制成晒干肩至茶号出售之茶叶，称之曰干茶。所谓干茶者，大半只有五成干，茶号制成十成干之茶，须茶草四斤制成一斤，茶户所制干茶，仅茶草两斤制一斤耳。茶价之高低视国际之供求而定，品茶叶之高下，视老嫩做工色香干湿等等而决。近年来茶号收买茶户干茶之茶价，谷雨边，每担约八十元，立夏边，每担约三十元。

本篇所应述者，至此已毕。惟作者对于祁门茶户制作上，有急待改进者二点：（一）为揉草用足，（二）为天雨卷草。关于第一点，作者认为要用手代足。查乡民亦有用手者，但属最少数，最好祁门茶户要完全改用手揉，以重卫生。再查先年农商部所办之祁门茶场，曾用机器揉草，成绩尚佳，祁民若逐渐改用机器尤好。如以机器价昂，则购买合作社，应加提倡组织。关于第二点，作者因学识浅，未敢妄拟，尚祈本会诸先进有以教之，是幸。

二十五年四月十三日草于安徽省立第二林区造林场。

《安徽农学会会报》1935 年第 4 期

祁门茶业改良场

该会前曾将安徽省原设的祁门茶叶试验场扩充，改组为祁门茶业改良场。该场对于扩充工厂设备，添辟茶园等项，都已积极办理。此外，该会为明了海内外茶叶情形起见，又派员到国内的湘、赣、皖、浙、闽及上海等处，国外的日本、爪哇、苏门答腊、印度、锡兰等处，实地调查。

《中央周刊》1935 年第 387—388 期

咨实业部赋字第一三七六四号

二十四年三月十六日

案准

贵部二十四年三月六日商字第三二七七六号咨，以据祁门茶业同业公会呈请豁免出洋箱茶税捐等情，咨请查核办理等因。

查此案前据该同业公会迳呈到部，当以"呈悉。查皖省现行税率出洋箱茶按照资本额征收千分之六，系仿鄂省成案办理，经由皖省府呈奉……专案核准，并经咨部核定备案，来呈所请令厅准予暂行豁免出洋箱茶税之处，确难照准，仰即知照。"

等语批示在卷。

　　兹准前因，相应咨复。

　　查照。

　　此咨

　　实业部

　　部长孔祥熙

《财政日刊》1935年第2114期

后　记

　　本丛书虽然为2018年度国家出版基金资助项目，但资料搜集却经过十几年的时间。笔者2011年的硕士论文为《茶业经济与社会变迁——以晚清民国时期的祁门县为中心》，其中就搜集了不少近代祁门红茶史料。该论文于2014年获得安徽省哲学社会科学规划后期资助项目，经过修改，于2017年出版《近代祁门茶业经济研究》一书。在撰写本丛书的过程中，笔者先后到广州、合肥、上海、北京等地查阅资料，同时还在祁门县进行大量田野考察，也搜集了一些民间文献。这些资料为本丛书的出版奠定了坚实的基础。

　　2018年获得国家出版基金资助后，笔者在以前资料积累的基础上，多次赴屯溪、祁门、合肥、上海、北京等地查阅资料，搜集了很多报刊资料和珍稀的茶商账簿、分家书等。这些资料进一步丰富了本丛书的内容。

　　祁门红茶资料浩如烟海，又极为分散，因此，搜集、整理颇为不易。在十多年的资料整理中，笔者付出了很多心血，也得到了很多朋友、研究生的大力帮助。祁门县的胡永久先生、支品太先生、倪群先生、马立中先生、汪胜松先生等给笔者提供了很多帮助，他们要么提供资料，要么陪同笔者一起下乡考察。安徽大学徽学研究中心的刘伯山研究员还无私地将其搜集的《民国二十八年祁门王记集芝茶草、干茶总账》提供给笔者使用。安徽大学徽学研究中心的硕士研究生汪奔、安徽师范大学历史与社会学院的硕士研究生梁碧颖、王畅等帮助笔者整理和录入不少资料。对于他们的帮助一并表示感谢。

　　在课题申报、图书编辑出版的过程中，安徽师范大学出版社社长张奇才教授非常重视，并给予了极大支持，出版社诸多工作人员也做了很多工作。孙新文主任总体负责本丛书的策划、出版，做了大量工作。吴顺安、郭行洲、谢晓博、桑国磊、祝凤霞、何章艳、汪碧颖、蒋璐、李慧芳、牛佳等诸位老师为本丛书的编辑、校对付出了不少心血。在书稿校对中，恩师王世华教授对文字、标点、资料编排规范等内容进行全面审订，避免了很多错误，为丛书增色不少。对于他们在本丛书出版中所做的工作表示感谢。

　　本丛书为祁门红茶资料的首次系统整理，有利于推动近代祁门红茶历史文化的研究。但资料的搜集整理是一项长期的工作，虽然笔者已经过十多年的努力，但仍有很多资料，如外文资料、档案资料等涉猎不多。这些资料的搜集、整理只好留在今后再进行。因笔者的学识有限，本丛书难免存在一些舛误，敬请专家学者批评指正。

康　健

2020 年 5 月 20 日